물고기 박사가 들려주는
신기한 바다 이야기

물고기 박사가 들려주는 신기한 바다 이야기 (큰글씨책)

초판 1쇄 발행 2022년 2월 24일

지은이 명정구
펴낸이 강수걸
펴낸곳 산지니
등록 2005년 2월 7일 제333-3370000251002005000001호
주소 부산시 해운대구 수영강변대로 140 BCC 613호
전화 051-504-7070 | 팩스 051-507-7543
홈페이지 www.sanzinibook.com
전자우편 sanzini@sanzinibook.com
블로그 http://sanzinibook.tistory.com

ISBN 979-11-6861-013-2 03490

* 책값은 뒤표지에 있습니다.
* 잘못 만들어진 책은 구입처에서 교환해드립니다.

우리가 몰랐던 물고기의 사생활을 엿보다

물고기 박사가 들려주는 신기한 바다 이야기

명정구 지음

산지니

책을 펴내며

　부산에서 태어나 60~70년대 바닷가에서 수영, 낚시를 하면서 자랐고, 놀이라고는 낚시, 수영과 축구가 전부였던 어린 시절을 기억한다. 해양목장을 꿈꾸면서 1975년 국립 부산수산대학교에 들어가 1977년도에 은사님이던 홍성윤 교수님으로부터 늘 꿈꾸어오던 스쿠버다이빙의 기초를 배웠다. 대학 졸업 후 학군장교로 근무한 울진 바닷가에서의 일 년간의 군 생활도 바다와의 끈끈한 인연이다. 제대 후 수산대학교 대학원에 들어가 당시 어류학의 대가이시던 김용억 교수님으로부터 물고기의 생태, 형태학을 배웠다. 다시 잠수 교육을 받고서 바다 속을 드나드는 해양생물학자의 길을 걷게 되었다. 연구를 위한 잠수는 90년대 중반 국가 바다목장 연구 사업과 함께 물고기의 행동연구 등 수중실험과 독도 연안 생태 연구를 시작하면서 본격적으로 하게 되었다.

　1984년 한국과학기술원 부설 해양연구소에서 업무를 시작하여 정년을 맞은 해인 2020년 12월까지 국내외 바다 속을 드나들면서 느꼈던 이야기들을 가능한 한 함축하여 담아 보았다. 한국해양과학기술원에 근무한 37여 년 동안 연구 논문이나 전문 서적에 싣지 못했던 바다 이야기를 가벼운 문장으로 남기려 했고, 오랜 수중 탐사 경험을 정리하여 일반인이나 학생들에게 들려주고픈 이야기를 써 보았다. 바다와 물고기 이야기는 객관적으로 쓰려고 노력을 하였지만, 낚시, 스쿠버다이빙 등과 같은 주제에서는 필자의 주관적인 의견이 강하게 표현된 것 같아서 개인적으로 생각이 다른 독자들에게는 넓은 이해를 기대해 본다.

이 책은 지난 40여 년간 전 세계 바다를 누비며 이루어진 수중 탐사의 이야기와 낚시 등 해양레저에 대한 생각, 어시장 방문기 등을 풀어쓴 것이다. 지난 세월 바다와 물고기에 매료되었던 필자의 기억들을 조각조각 연결하였다. 몸에 익은 오래된 잠수장비를 착용하고 레귤레이터를 입에 물면 말이 필요 없는 수중세계로 들어가 자유로움과 행복을 느꼈다. 그저 신비하고 놀라운 수중세계를 눈으로 보고 노트에 기록하고 마음으로 느끼는 것만으로도 더할 나위 없이 행복했다.

우리 바다에서 시작한 수중 탐사는 마이크로네시아에서 진행했던 8년의 연구를 비롯하여 말레이시아(페낭, 시파단), 필리핀, 대만, 일본 니가타시, 오키나와 연안, 괌, 팔라우, 인도네시아, 방글라데시, 호주 그레이트 베리어 리프, 바누아투, 캐나다 밴쿠버 앞 섬 나나이모의 난파선, 미국 로스앤젤레스 연안 카탈리나섬, 마이애미 연안, 그리고 남미 에콰도르 연안 해양보호 구역과 갈라파고스 제도 등 세계 각지로 이어지며 다양한 해양 생물들과 많은 교감을 나누었다. 수중에서 물고기들과의 만남으로 끊임없는 의문과 해답을 얻고 그들 세계의 질서를 이해하면서 새로운 지식들을 제공받는 기회가 되었다. 이러한 경험을 글로 모두 표현하지 못하는 점이 안타깝지만 초등학교 시절부터 물가를 떠나지 못했던 필자의 마음은 지금도 어느 바닷가를 서성이며 그 속을 들여다본다.

　　긴 여정을 마무리하고 2020년 12월 31일에 필자는 정년퇴직을 맞았다. 만 65세까지 내 힘으로 바다목장 사후관리, 독도 연안 수중탐사, 남태평양 기지에서 과학 잠수를 할 수 있었음에 감사한다. 짧은 문장력으로 지난 긴 시간 동안의 바다 이야기나 수중탐사에 대한 이야기들을 정밀하게 묘사하지는 못하지만, 그럼에도 이런 기회를 주신 산지니 출판사 기획, 편집부 여러분께 감사드린다. 또 1980, 90년대부터 어류양식, 시범 바다목장 연구, 남서태평양 해양 생물자원 연구 등 우리나라 해양 수산분야의 새로운 연구 사업을 개발, 추진하여 수중세계를 들여다볼 기회를 주신 허형택 박사님, 김종만 박사님, 박철원 박사님, 이순길 박사님 외 선후배 학자님들과 통영 해상 가두리의 신형범 선배님께 감사드린다. 어두운 겨울 밤 바다에서 홀로 잠수조사를 해야 할 때도 배 위에서 나를 지켜준 박용주 기술사님과 독도 탐사, 제주도 등 외곽도서 잠수 조사를 함께 해준 김병일 님, 신광식 님, 이선명 님, 윤혁순 님, 이영욱 님, 정영호 님과 바다를 탐사할 때마다 여러 도움을 준 한국수중과학회원들과 현지 가이드 다이버들에게도 감사의 뜻을 보낸다. 무엇보다 어릴 적부터 바다를 좋아하는 나를 그 길로 이끌어주신 부모님과 낚시 스승이셨던 효수 삼촌, 물고기 세계의 문을 열어주신 김용억 교수님, 오랜 시간 집을 떠나야 하는 바다 속 탐사에도 격려와 응원을 아끼지 않았던 혜경 씨와 가족들에게 깊은 감사를 드린다.

명정구

차례

3장 소년, 바다를 꿈꾸다

1장
물고기의 사생활

생긴 대로 산다 :
물고기 관상학

눈빛만 보아도 알 수 있는 물고기 생태

육상에서 살아가는 동물들을 보면 각 종마다 그 생태에 따라 생김새도 유사하게 생겼다. 호랑이, 표범의 강렬한 눈빛을 보면 이들이 코끼리, 소, 기린과 같이 한가로이 들판의 풀을 뜯으며 살아가는 종이 아님을 느낄 수 있다. 그렇다면 수중세계에서 살아가는 물고기들은 어떨까?

오랫동안 잠수조사를 하면서 만났던 수많은 어류 중에 육상의 육식동물처럼 자신의 날카로운 눈빛을 감추지 못하는 종들이 있었다. 강한 이빨을 가진 육식어종이나 독을 가진 어종들의 눈빛에서는 그들의 생태적 특성이 보인다. 특히 강력한 독으로 유명한 복어류, 쏨뱅이, 미역치 등은 눈매가 둥근데도, 눈동자의 색을 보면 섬뜩함이 느껴지곤 한다. 빛나는 노란색이 섞인 복어의 녹색 눈동자나 심해에서 많이 보이는 미역치의 투명한 눈동자를 보면 연안의 많은 다른 어종과는 사뭇 다른 느낌이 든다.

둥근 검은색인 청새리상어의 눈 (좌)
독가시를 가진 눈빛이 예사롭지 않은 미역치(경남 통영) (우)

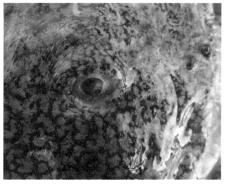

독을 가지고 있는 분위기가 감도는 졸복의 초록색 눈 (좌)
강함을 억지로 감추고 있는 듯한 표정의 황아귀 눈 (우)

    무표정하고 초점 없는 까만색의 백상아리 눈은 틀림없이 피도 눈물도 없는 포식자의 눈이다. 상어류는 대부분 눈꺼풀(흰색막)을 가지고 있는데 특히 백상어는 먹잇감을 공격할 때 일반 어종에서는 볼 수 없는 눈동자의 회전(눈을 보호하기 위하여 눈동자가 돌아감)이 일어난다. 흰색 눈꺼풀이 눈을 덮는 순간이나 눈동자 자체가 돌아서 안쪽으로 들어가 사라져 버리는 순간이 있다. 이때 상어의 얼굴을 보면 이들이 바다에서 '공포의 최고 포식자'라는 것을 느낄 수 있다.

물고기 관상

물고기의 생김새는 서식처의 환경에 적응한 모습이기도 하며, 각각의 살아가는 생태를 보여준다.

상어, 삼치, 갈치 등이 강한 무기로 사용하는 이빨을 드러내는 순간을 보면 이들이 작은 어류들의 몸을 씹어서 사냥하는 어종임을 알 수 있다.

해저에 몸을 붙이고서 사냥하기 위하여 장시간을 기다리는 아귀, 통구멍과 같은 어종들은 얼굴에서 사나운 육식성이라는 생태 특성이 느껴진다. 육상에서와 마찬가지로, 예쁘고 순하게 생긴 육식 포식자는 찾기가 쉽지 않다.

선하고 친숙한 인상의 물고기

반면 떠다니는 플랑크톤이나 작은 새우 등을 먹는 망상어 같은 종은 입술이 도톰하고 봄이 되면 연지를 바른 듯 붉은 홍조를 띠는데 그 입술만 보아도 다른 물고기를 공격할 생각이 전혀 없음이 느껴진다. 플랑크톤이나 작은 새우, 지렁이를 먹는 정도의 습성을 보여주듯이 눈빛도 차분하고 순하다.

입이 커다란 종들은 두 종류로 나뉘는데 달고기처럼 순간적으로 주둥이를 내밀면서 몸길이의 절반 정도나 되는 어류도 단번에 들이켜 잡아먹는 어종이 있는가 하면, 고래상어처럼 거대한 입을 벌리고 전진하면서 수중의 미세한 플랑크톤을 걸러 먹는 여과식자(filter feeder)도 있다.

황아귀는 몸은 둥글지만, 날카로운 이빨과 눈매는 육식성임을 나타낸다.

바다 붕어라 불리는 망상어는 몸매와 눈매 모두 부드럽다.

물고기도 '깡'이 있다

생김새와 함께 생각할 수 있는 것이 하나 더 있는데 흔히 얘기하는 '깡'이라는 성깔머리(?)이다. 내가 물속에서 만난 물고기 중에서 가장 깡이 좋았던 종은 아귀이다. 남해안 바다목장 사업을 위해 섬 연안에서 생태조사를 하고 있을 때였다. 수심 20m 어두컴컴한 바닥에서 꼼짝 않고 있는 아귀를 만났다. 일단은 수중카메라로 사진을 찍었는데 자신이 완전한 위장을 했다고 생각하는지 꼼짝도 않았다. 촬영을 마치고 아귀의 턱을 카메라의 라이트로 슬그머니 밀어 보았다. 순간 아귀는 지느러미를 쫙 펴고는 커다란 입으로 라이트를 물고 놓지 않았다. 나는 라이트를 들어서 아귀를 흔들어 떼어내려 했지만 아귀는 입은 벌리지 않고 계속 물고 있었다. 한동안 물속에서 실랑이를 벌이다가 라이트를 바닥에 대고 비비니 그때야 입을 벌리고 물러섰다. 대부분의 물고기들은 덩치가 큰 사람을 수중에서 만나면 도망가거나 또는 바닥에 붙어서 자신의 위장술을 최대한 믿고 움직이지 않는다. 아귀를 만나기가 쉽지 않지만 그 당시 욕지도 북쪽 섬 연안에서 '깡' 좋은 아귀를 만난 기억은 잊히지 않는다.

물고기가 사람보다 낫다 :
'더불어 사는 지혜'는 물고기에게 배우자!

'붕어 아이큐는 3이다.' 낚싯바늘에 달린 먹이를 먹다가 빠져나
간 물고기가 3초 만에 다시 그 먹이를 탐낸다고 해서 나온 얘기이
다. 특히 먹이에 대한 집착과 호기심이 강한 망둥어나 어린 붕어
등이 위험을 무릅쓰고 먹잇감에 달려들 때가 많다. 하지만 이렇게
멍청하다고 놀림 받는 물고기에게서 인간이 배워야 할 것이 있다.

바로 '더불어 사는 지혜'이다. 그동안 인간들이 저지른 환경파괴
를 생각해볼 때, 수계 생태계를 파괴하거나 교란시키지 않고 수억
년 동안 생태계의 질서를 지켜온 수중 척추동물, 어류의 생활이 궁
금해진다. 사람은 지구상에 나타난 지 불과 100만여 년밖에 되지
않았다. 하지만 마치 지구 점령군인 양, 스스로 '만물의 영장'이라
칭하면서 인간 위주의 개발과 교란으로 지구 온난화 등 생태계에
위기를 가져왔다.

모든 생물종뿐만 아니라 주위의 자연환경까지 사람 위주로 바
꿔서 번성한 지구를 지배하게 되었다. 그러나 문명의 역사가 채 몇

강 하구에 들어선 시멘트 구조물은 바다와 강의 경계에서 이루어지는 중요한 생태적 역할을 마비시키곤 한다.

세기를 지나기도 전에, 오만함을 버리고 주위의 다양한 생물종들과 함께 존재해야 인간의 생명도 유지될 수 있다는 사실을 깨달았고, 그것이 1992년 리우 선언에 담겨 있다. 생물다양성이 파괴되면 인간도 더 이상 지구상에서 생존하기가 어렵다는 지극히 단순한 사실을 각국의 대표들이 모여서 선언한 것이다.

자연과 인간은 서로 떨어질 수 없는 관계 속에서 생존해 오고 있었다는 뒤늦은 깨달음이었다. 이후 많은 학자들과 정치가들이 지구의 미래를 걱정하고 그간의 잘못을 되돌리려는 노력을 하고 있다. 우리나라에서도 1994년 생물다양성에 대한 모임을 가진 후부터 정식으로 활동하는 단체들이 생기기 시작하였다.

그러나 이미 시작된 인간 중심 사회의 역작용은 쉽게 멈출 수 없고 지구 온난화의 현상들이 곳곳에서 현실로 나타나고 있다. 해수면 상승으로 영토가 사라지게 될 위기에 봉착한 인도양 몰디브의 이야기는 더 이상 우려가 아닌 현실로 다가오고 있다. 우리나라의 동해도 지구상에서 가장 빠른 수온 상승속도를 보이고 있어서 최근 많은 연구자들이 동해의 환경, 자원 변화에 대한 연구를 하고 있다.

3억 년 동안 물속을 지배해 온 물고기들은 어떻게 여전히 그들대로의 삶을 잘 이어가고 있는 것일까? 우리는 물고기에게 배워야한다. 물고기들이 수중세계에서 살아가는 방법(생태)이 자연적인 생리를 거스르지 않았다는 것을.

좁은 공간에서 먹잇감인 작은 물고기 떼와 함께 지내는 흰점바리(가칭) ※우리 이름이 없는 열대 어종이라서 '가칭'이라 표함 (일본 야쿠시마)

'한 지붕 두 가족', 흰동가리류와 샛별돔이 같은 말미잘에 살고 있다.(미크로네시아)

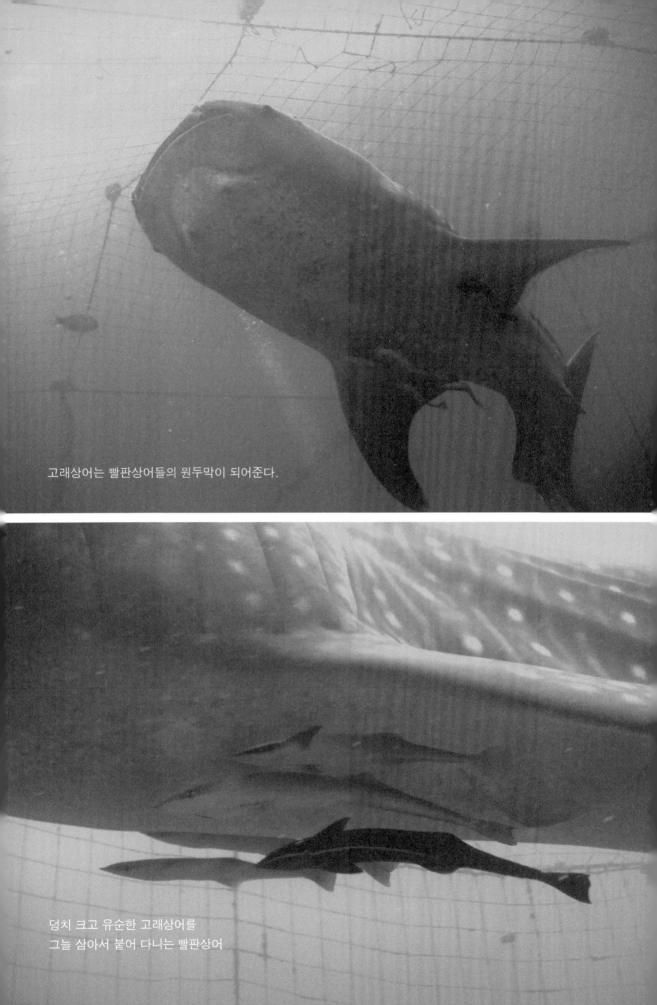

고래상어는 빨판상어들의 원두막이 되어준다.

덩치 크고 유순한 고래상어를
그늘 삼아서 붙어 다니는 빨판상어

척추동물로서 가장 포식력이 높은 상어를 보자. 일생 동안 빠지면 새로 생겨나는 단단한 이빨과 강한 유영력을 가지고도 식사 시간이 아니면 사냥을 하지 않으며, 포식자라고 해서 인간의 인구 증가처럼 개체수를 폭발적으로 늘리지 않는다는 지극히 간단한 원리들을 지켜왔다. 멸치, 정어리, 고등어 등 작은 물고기들을 포식하지만 종 간 나름대로의 생태적 균형을 유지하고 있는 것이 육상의 인간과 다르다.

포식자인 상어라도
휴식할 때는 머리에
빨판상어 한 마리가 붙어
있어도 아무렇지 않게
바닥에 누워 있다.

사람들은 상어 지느러미 요리를 위해 매년 수천만 마리의 상어를 마구 잡아들여 수중의 먹이사슬을 파괴시킨다. 이는 수중세계의 교란까지 야기할 수 있는 일이다. 만약 인간도 물고기처럼 인류역사의 출발 때부터 생물다양성에 대한 원리를 잘 받아들였더라면 지금의 기후 변화나 환경 파괴와 같은 문제가 발생하지는 않았을 것이다.

지구상의 기후변화를 야기하여 육상생태계는 물론 지구의 미래까지 우려하게 만든 원인은 인간이다. 척추동물 중에서 가장 머리가 좋다는 인간에 의해서 지구 생태계 전체가 위험에 처했다. 이제 인간은 수중 척추동물인 물고기에게 건강한 생태 보존(다른 생명들과 함께 살아가기)을 위한 기술을 배워야 한다.

수중세계에서 절제하면서 수많은 생명과 더불어 살아온 물고기들의 생태적 적응 모습을 보면 '지구상의 진정한 터줏대감은 물고기가 아닌가?' 하는 생각이 든다.

물고기의 감각기관

　물고기는 수중생활을 하면서 포식자를 경계하고 환경 변화를 감지하거나 먹이를 취할 때 여러 기관을 사용한다. 먹이를 찾는 감각을 보면 어종에 따라 시각에 의존하는 종, 가슴지느러미의 맛세포를 통해서 맛을 감지하는 종, 아래턱의 촉수로 감지하는 종이 있다. 그 외 밤에 활동하는 종 중에는 눈보다는 촉수에 의한 감각을 이용하는 종도 있다.

　물고기는 시각, 청각, 촉각, 미각 외에 수중에서의 수압, 물의 흐름 등을 효과적으로 감지하는 옆줄(lateral line)이 있다. 상어 머리의 측면, 주둥이, 아래턱 피부에 작은 구멍으로 열린 로렌치니 기관(lorenzini's ampullae)은 옆줄과 같은 감각기관으로 알려져 있는데 수온, 전기장, 물의 파동 등을 감지하여 뛰어난 후각과 함께 먹잇감을 구별해 낸다. 이렇듯 물고기는 나름대로의 서식 생태에 맞는 감각기관을 가지고 있으며 종에 따라서 매우 다른 발달 양상을 보인다.

시각

최근 우리나라에서 유행하는 루어낚시 분야의 가짜 미끼들을 보면 형태나 색이 매우 다양하다. 참돔 낚시에 사용되는 가짜 미끼인 타이라바는 둥근 추 역할을 하는 머리 부분과 꼬리의 색이 다양하다. 붉은색부터 분홍색, 녹색, 회색 등이 시중에 나와 있고 낚시를 하는 이들은 나름대로의 경험과 현장 상황을 판단하여 미끼의 색을 결정한다.

물고기들은 대부분 머리 양쪽에 하나씩의 눈을 갖고 있으며 눈의 구조는 대부분의 척추동물과 유사하다. 결론부터 얘기하면, 물고기도 색과 밝고 어두움을 구분하는 **원추체세포와 간체세포**를 갖고 있다. 물론 종의 서식 환경과 생태에 따라 이 두 종류의 신경세포 발달 정도는 다르다. 햇빛이 거의 닿지 않는 심해에 사는 종들은 색 구분보다는 밝고 어두움을 구분하는 쪽으로 더 발달해 있을 것이고, 햇빛이 강하게 들어오는 수심이 얕은 연안에 사는 종들은 색을 구분하는 세포가 발달해 있을 것이다. 이렇듯 물고기가 색과 명암을 구분하는 세포를 가지고 있다 할지라도 인간의 눈과는 차이가 있고 종마다 서식 생태에 따라서도 차이가 있다.

색 구분의 기능을 하는 원추체세포는 참치, 고등어 등 눈이 발달한 어류에서 볼 수 있으며 눈이 작은 야행성 어종의 눈에는 없다. 원추체세포를 가지고 있음에도 색을 구분 못 하는 어종도 있는데 감성돔이나 가다랑어 등이 여기에 속한다. 연골어류는 원추체세포가 없어서 색맹이라고 보는 학자들도 있다. 간체세포는 빛

상어 머리에 있는 깨알같이 작은 검은 점(구멍)들은 수온, 전류 등을 느끼는
정밀한 감각기관(로렌치니 기관)이다.

에 대한 감각을 맡고 있다. 심해에 사는 커다란 눈을 가진 어종들
은 망막의 간체세포 밀도가 매우 높아서 1mm²에 25만 개의 세포
가 분포하는 종도 있다. 이 두 가지 시각세포는 환경에 따라 수
축, 팽창을 하는데 밝은 곳에서는 간체세포가 축소되고 원추체세
포가 팽창하는 반면, 어두운 곳에서는 원추체세포가 축소되고 간
체세포가 팽창한다. 어류의 색에 대한 반응은 어종마다 달라서
어류양식장 수조의 색으로 스트레스를 줄여주는 예도 있다. 세계
최대 연어양식국인 노르웨이에서는 육상 양식장 수조의 색을 회
색으로 사용한다. 이는 회색이 다른 색보다는 대서양 연어의 스
트레스를 감소시킨다는 실험 결과를 토대로 결정한 것이다. 반면,

우리나라의 육상 양식장이나 종묘 배양장에서는 조명을 어둡게 해주는 곳도 있지만, 수조의 색에 대한 실험 결과는 아직 없어 대개 콘크리트를 그대로 사용하거나 또는 청색 수조를 사용하는 곳이 많다.

밤에 활동하는 야행성 어종들은 특수한 감각기관이 발달해 있다. 사람은 눈이 크면 겁이 많다고들 하는데, 물고기 중에서 큰 눈을 가진 종들은 대개 야행성이거나 심해에 사는 종들이다. 연안에서 흔히 볼 수 있는, 눈이 큰 볼락은 연안 암반에 서식하는 종인데 주로 야간에 플랑크톤을 잡아먹고 살아간다. 내가 인공어초의 볼락을 관찰한 결과로는 물이 맑은 날 낮에는 볼락들이 인공어초 그늘이나 암반 근처에 모여 있지만, 사리 때나 물 색이 유달리 탁해진 날에는 낮에도 인공어초나 암반을 떠나 중층에 머물면서 활발히 포식활동을 했다. 볼락은 야행성이 강하다고 표현하는 편이 맞다는 생각이 들지만 조건만 맞으면 낮에도 활달히 먹이활동을 한다는 것을 알 수 있다.

미각

물고기는 먹이를 먹을 때 맛을 느낄 수 있을까? 왜 어떤 먹잇감은 물고 어떤 먹잇감은 피하는 걸까? 어류의 식성에 관련된 이러한 의문들이 있다. 어업이나 낚시를 하다 보면 물고기들이 유달리 잘 먹는 미끼들이 있다. 인상어처럼 플랑크톤이 아니면 좀처럼 쳐다보지 않는 물고기가 있는 반면 식물성, 동물성 먹이를 가리지 않고 먹는 잡식성 어종도 생각보다는 많다. 우리나라 낚시인들에게

성대의 분리된 가슴지느러미 줄기에는 미각 세포들이 있어 먹이를 찾는 역할을 한다.

인기가 높고 고급 어종에 속하는 감성돔은 새우, 게, 갯지렁이 같은 미끼를 좋아하기는 하지만 옥수수, 보리 등 곡식이나 수박 껍질 등을 먹기도 한다. 고급 어종으로 취급되는 감성돔이 망둥어처럼 아무거나 먹는 식성을 가졌다 하면 감성돔 마니아들은 실망할지도 모르겠다. 그러나 내가 보기에는 감성돔의 먹성이 제 살도 먹는다는 망둥어와 크게 다를 바가 없다. 한편, 벵에돔은 돌에 붙은 해조류를 뜯어 먹지만 계절마다 먹이가 달라지기도 하고 새우, 갯지렁이 등 동물성 미끼와 빵가루까지도 낚시 미끼로 사용할 수 있어서 이 역시 다양한 먹잇감을 먹는 종으로 볼 수 있다.

그렇다면 어류에도 미각이 있을까? 물고기들은 입술, 혓바닥, 수염, 촉수, 구강 내에 미각세포를 갖고 있어 맛을 보면서 먹잇감을 구분한다. 연안에서 서식하는 종들은 의외로 잡식성이 강해서 갯지렁이를 주로 먹는 종은 조개, 새우, 작은 어류 등도 잘 먹는다. '꼬시래기 제 살 뜯기'란 말이 있듯이 망둥어류는 워낙 식성이 좋아서 같은 동종의 살도 먹는다. 맛에 민감한 종인 상어는 일단 먹잇감을 이빨로 물었어도 혓바닥이나 구강의 미각세포가 느끼는 맛이 좋지 않으면 다시 뱉는 경우도 있다.

촉각

낚시에 걸린 물고기는 통증을 느낄까? 물고기도 다른 동물들처럼 통증을 느낀다는 사실은 노르웨이, 미국 과학자들의 실험 결과로 밝혀졌다. 그러나 물고기가 느끼는 통증은 사람과 같은 수준은 아니다. 통증을 느끼는 감각세포의 밀도(분포)가 사람보다 낮아서 낚시를 물고서도 큰 통증을 못 느끼는 경우가 많다. 만약, 물고기가 사람과 같은 수준의 통증을 느낀다면 낚시나 어업에서 많은 문제가 발생했을지도 모른다. 물고기를 손질할 때 육상동물을 식용으로 처리할 때와 같은 과정이 필요하다면 오늘날처럼 바다에서 낚시를 즐기는 이들이 증가하지 않았을 것이다. 수중에서 관찰해 보면 먹이를 먹으려다 낚싯바늘에 한 번 걸렸던 물고기가 다시 먹이로 달려드는 것을 흔히 목격한다. 만약 이들이 사람과 같은 통증감각을 가졌다면 바늘에 찔린 입을 싸매고 돌아앉아서(?) 통증이 가실 때까지는 그 먹이를 쳐다보지도 않을 것이다. 그래서 몇 번의 헛챔질 끝에 결국은 낚시에 걸려서 바깥세상 구경을 하는 물고기를 종종 보고 있다.

옆줄(붕어)은 물의 흐름, 수압, 진동 등을 느끼는 기관이다.

그 외 압력, 파동 등을 느끼는 어류의 특수한 감각기관으로 옆줄이 있다. 옆줄은 물의 흐름, 진동, 압력 등을 감지하는 중요한 기능을 한다. 옆줄에서 수압의 변화를 느끼는 붕어는 저수지나 강, 하천의 수위가 내려가기 시작하면 먹이활동을 멈추고 물이 빠지는 위기의 환경변화에 적응하려는 준비 행동을 보이기 시작한다. 먹이를 덜 먹고 대사량을 낮추는 것은 저수지가 바닥을 보일 정도의 저수위에서 살아남는 방법으로, 오랜 생존의 역사 속에서 유전자에 각인된 대응 반응인 것이다.

청각

어류가 가진 귀는 인간의 귀와는 구조가 다르다. 물고기의 귀는 내이만으로 이루어져 있으며 고막, 중이, 외이는 없다. 내이는 젤리물질로 채워져 있어서 음파는 이 젤리물질로 전달되고 신경섬유를 통해 뇌에 전달된다. 또, 내이는 세반고리관과 평형석(이석)을 가진 세 개의 낭으로 이루어지며 몸의 전후좌우 움직임(롤링과 피칭)을 감각한다.

후각

어류의 코는 사람과 달리 입과 연결되지 않는다. 두 개의 구멍을 통해 물이 드나드는 동안 그 속의 후각세포로 냄새를 맡는다. 물이 후각 기관에 직접 접촉하는 것이다. 후각이 잘 발달한 어종으로는 연어류를 들 수 있다. 잘 알려져 있듯이 연어는 산란기가 되면 후각을 사용하여 자기가 태어난 하천이나 강으로 정확히 찾아서 거슬러 올라가는데 이를 연어의 모천회귀라 한다. 연어가 가진 뛰어난 후각 때문에 가능한 일이다.

이렇게 나열해 놓고 보면 물고기들도 정도와 민감도의 차이는 있지만 사람에게 있는 대부분의 감각기관을 가지고 있다고 볼 수 있다. 수중에 사는 척추동물로서의 기본적인 발달과정은 사람과 거의 유사하다.

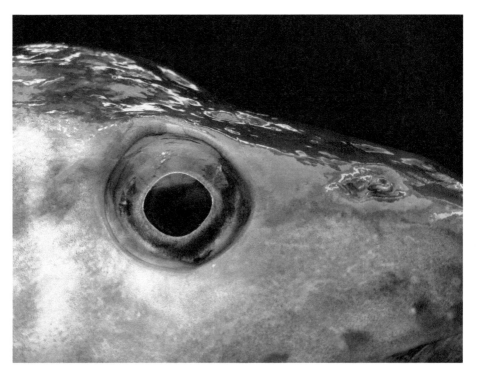

대구는 눈 앞에 있는 두 개의 콧구멍 안에 후각세포가 있으며
입과는 통하지 않는다.

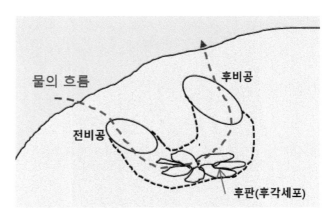

어류의 후각기관. 경골어류의 콧구멍은 1~2개로
구강과는 연결되어 있지 않다.

어류 눈의 구조

안구를 보호하는 각막, 공 모양의 렌즈, 움직이지 못하는 홍채가 있으며 홍채의 중앙에 둥근 동공이 열려 있다. 렌즈는 렌즈를 움직이는 근육의 신축에 의해서 초점을 조절할 수 있다. 뒤쪽 면은 빛이나 대상물체를 수용하는 망막이 있으며 여기에 시신경이 이어져 있다. 망막에 이어진 시세포에는 원추체세포와 간체세포가 있다.

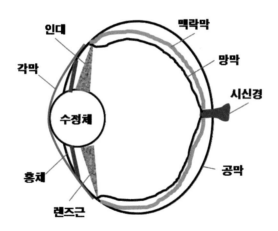

물고기의 시력은?

사람의 시력은 개인 차이가 크지만 대개 시력이 좋은 사람은
1.0~2.0 정도이다. 물고기의 시력을 여러 가지로 분석한 결과,
0.1~0.6 정도로 밝혀졌다. 물고기도 종에 따라 시력이 다른데, 대
양의 맑은 표층에서 먹이 사냥을 하며 사는 가다랑어, 다랑어류
(참치)들은 0.3~0.6 정도로 다른 어종에 비해서 시력이 좋은 편에
속한다. 연안 어종인 돌돔은 0.14, 농어는 0.12, 방어는 0.11로 알려
져 있으며 대부분의 경골 어류들은 근시이다(www.chowari.jp; www.
yokohama-maruuo.co.jp). 이러한 시력의 분석치만 놓고 사람 기준으
로 보면, 물고기들은 시력이 나빠서 물속에서 불편하게 살고 있을
것으로 생각될지도 모른다. 그러나 물속에서의 빛은 적색광부터
흡수되는데 불과 십 수미터 깊이만 내려가도 붉은색은 없어져 버
리고 푸른색, 자주색 계통만 남게 된다. 이런 수중세계의 독특한
환경 특성을 감안하면, 수백 미터 깊이를 오가며 사는 물고기들에
게는 처음부터 사람과 같은 시력은 필요가 없었을지도 모른다. 즉,
연안부터 수심 200m의 대륙붕이라 해도 녹색, 푸른색이 대부분
인 물속 환경에서 사는 많은 물고기들의 시력에 대한 의존도나 눈
의 기능은 사람과는 다른 기준으로 분석되어야 할 것이다.
우리나라 낚시계에는 이미 오래전부터 '이 종은 줄을 탄다'는 표
현이 있다. 유달리 낚시줄의 굵기에 민감하게 반응하는 종들의 얘
기다. 연안 어종들 중에서 감성돔, 벵에돔, 망상어, 학꽁치 등은 낚

시와 이어진 낚시줄이 굵으면 경계심이 강해 미끼를 잘 물지 않는다(물론, 같은 어종이라도 나이나 주위 환경에 따라 반응이 다르게 나타나기도 한다). 일부 학자들은 물고기는 '시력과는 달리 낚시줄을 인지하는 특별한 능력이 예민하게 발달했다'고 주장하기도 한다. 아무튼 육상 환경과 전혀 다른 수중에서 사는 물고기의 시력을 사람의 기준으로 평가하는 것 자체가 잘못된 평가 방법일지도 모른다.

상어는 색맹인가?

물고기가 색을 구분하는가? 색맹인가? 하는 의문에 대한 논쟁은 오래전부터 있었다. 특히, 인간을 공격하기도 하는 상어는 무슨 색에 크게 반응을 할까? 상어의 공격을 받는 사고가 생길 때마다 어떻게 하면 상어로부터 안전할 수 있을까 하고 해결책을 찾고자 많은 방법이 제시되어 왔다. 상어가 싫어하는 색상이나 무늬를 알 수만 있다면 수영복, 잠수복의 색상, 무늬를 선택하는 데 도움이 될지도 모른다. 이런 배경으로 상어의 시력과 색 구분에 대한 의문 자체가 사람의 입장에서 보면 매우 중요한 연구 분야이기도 하다. 최근, 상어를 대상으로 한 실험에서 몇몇 상어는 색을 구분하지 못한다는 연구 결과가 나오기도 했다(www.sciencedaily.com). 빛을 감지하는 세포는 잘 발달했지만 색을 감지하는 세포는 없거나 매우 적었다고 한다. 그러나 전 세계에 사는 상어가 500여 종인 것을 감안하면, 상어 10여 종의 연구 결과로 상어의 눈은 색맹이라고 단정 짓기는 어렵다. 상어는 몇 Km 떨어진 곳의 피 냄새를 감지할 수 있고 수중의 생명체가 내는 전기파를 예민하게 감지하는 기관도 발달해 있어 눈은 가까이에 있는 생명체를 뒷 배경과의 흑백 차이를 통해 그 존재와 위치만 파악하면 되었는지도 모른다. 상어는 시각, 후각, 청각, 옆줄 기관, 로렌치니 기관 등 여러 감각기관이 조화를 이루어 지난 4억 년 이상을 최상위 포식자로서 번성해 왔을 것이다. 한편, 바다에 사는 고래, 돌고래 등 해양포유류도 색을 구분하는 능력은 없다고 한다. 육상에서 바다로 들어간 후, 푸른색 계통만 남아 있는 수중에서 육상동물과 같은 색채 구별 능력이 살아가는 데 큰 도움이 안 되었기 때문에 눈의 기능 자체가 변한 것인지도 모른다. 지구상의 모든 생명체의 감각기관은 구조와 기능면에서 생존에 필요한 쪽으로 진화해 왔기 때문일 것이다. 아직도 수중세계에서 살아가는 물고기들의 능력에 대한 수많은 의문들은 사람이 바닷속을 잘 모르는 것과 비례해서 지금도 수수께끼로 남아 있다.

물고기의 독특한 번식 전략

물고기의 번식 능력은 각 종이 살고 있는 서식처의 환경 특성에 맞추어서 진화해 왔다. 알려진 바와 같이 물고기들은 많은 수의 알을 낳는다. 수많은 생명체들이 섞여 살아가는 바닷속은 인간이나 포유류처럼 한두 마리의 새끼를 낳아서 어미젖을 먹이며 일정 기간 보살펴서 성장시키기에는 어려운 환경조건이라 할 수 있다.

자리돔, 흰동가리 등의 물고기는 자신의 텃세권 안의 돌 위에 알을 붙여 놓고 부화할 때까지 어미가 알자리를 지키며 알을 보호한다. 어미가 알자리를 지킨다고는 하지만 수중에서 보면 정신없을 정도로 많은 종들이 알을 훔쳐 먹으려고 호시탐탐 노리는 것을 알 수 있다. 어미들은 자신들의 산란장에 접근하는 물고기들을 공격하거나 또는 잠시 도피했다가 다시 돌아와 알자리를 지키는 행동을 반복한다. 이렇게 어미들이 어렵게 지켜 주어서 알에서 부화된 어린 새끼들은 어미 곁을 떠나 또 다른 포식자들의 공격을 피하면서 자립해 살아가야 한다. 수중에서 관찰해 보면 크

알을 지키고 있는 흰동가리(제주 문섬)

기가 손바닥보다 작은 물고기들이 손을 쪼고 달려드는 행동을 한다. 자신의 새끼를 지키려는 어미의 이런 행동은 위기에 처한 아이를 지키려는 엄마의 마음과 다를 바가 없다.

그래서 물고기들의 많은 종이 수만 또는 수십만 개의 알을 낳아서 표층으로 띄워 보내고 그중에 몇 마리가 살아남아 어미 곁으로 돌아오는 생태적 전략으로 진화해 온 것인지도 모른다. 우리들이 흔히 아는 참돔, 돌돔, 감성돔, 넙치, 대구, 방어, 다랑어 등 대부분 고급어종은 적게는 수만 개에서 많게는 수백만 개의 알을 낳는다. 많은 수의 알에서 부화한 새끼들은 플랑크톤과 같이 바다를 떠다니면서 일정 기간 성장한 후 형태와 유영 능력, 먹이 사냥 능력 등이 어느 정도 갖추어지면 어미가 살고 있는 서식처와 같은 환경의 수계에서 살아가게 된다. 이렇게 많은 알을 낳는 종들은 초기의 높은 사망률을 감안해서 진화해 왔던 것이다.

이렇듯 알을 많이 낳아서 흩어 보내면, 종의 분포 확장 효과, 살아 돌아오는 어린 고기들의 강한 생존력과 건강성 유지 효과를 얻을 수 있다. 한편으로는 알이 표층에 부유하는 것은 바닷속 수많은 분류군의 생명체들에게 먹잇감을 제공하는 것이기도 하다. 알이 부화하여 어미 모습으로 자라기까지의 생존율이 5%라고 한다면 95%의 알과 부화한 어린 새끼들은 표층에 떠다니면서 멸치, 정어리 등을 포함한 다른 종들의 먹이가 된다. 이들을 잡아먹고 성장하는 멸치, 정어리 등 작은 고기들은 전갱이, 방어 등 그들보다 큰 물고기와 다른 해양생물의 먹잇감이 된다. '물고기의 다산'은 다양한 생명체들이 먹고 먹히는 복잡한 먹이망을 가진 해양 생태계에서 '잡아먹고 먹히며 균형을 유지해 나가는 효율적인 전략'이라고 볼 수 있다. 우리 인간들에게 없어서는 안 되는 식량이기도 한, 물고기들의 이러한 번식 생태를 알면서도 얕은 연안의 산란장을 찾는 물고기들을 마구 잡는 것은 산부인과에 폭탄을 떨어뜨리는 것과 같다. 장기간 이러한 잘못을 저지른다면 물고기들의 미래와 함께 사람들의 미래도 함께 어두워진다는 것을 깨달아야 한다.

지금까지 알려진 최고의 다산어는 개복치이다. 개복치는 한 번에 3억 개의 알을 낳는 것으로 알려져 있다. 망상어와 인상어는 새끼를 낳는 물고기인 태생어이다. 태생어는 적은 수의 새끼들을 낳는데 우리나라 연안에 흔한 망상어는 수십 마리의 새끼를 낳는다. 나는 초등학교 시절에 삼촌을 따라 낚시를 다니면서 망상어가 새끼를 낳는다는 사실을 알고 있었지만, '모든 물고기는 알을 낳는다'는 당시 선생님의 가르침에 제대로 반박하지 못했던 기억이 있다. 망상어 새끼를 학교까지 가지고 갔었지만, 물고기가 새끼를 낳는다는 사실을 인정받지 못하고, 죽은 새끼를 교실 앞 화단에 묻어 주면서 언젠가는 사실이 밝혀질 것이라는 희망을 가슴에 품어야 했다.

이와는 달리 체내수정을 통해서 알이 수정되지만 어미 배 속에서 알이 단순히 부화할 때까지 발생이 진행되고 부화하면서 어미

난태생어인 까치상어 (어미 배 속에서 갓 나온 새끼)

태생어인 망상어의 새끼들은 5~6월에 어미 배 밖으로 나온다.

분리부성난(알이 하나씩 분리되어 뜨는 알)을 낳는 참돔 산란 장면. 암컷 한 마리와 그 뒤를 따르는 여러 마리의 수컷이 수면으로 올라오면서 방란, 방정한다.(KIOST 해상과학기지 가두리, 5월)

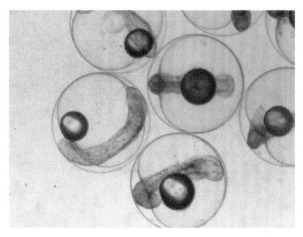

넙치 알(배체 발생 중)

산란된 홍어 알(홍어는 단단한 껍질을 가진 알을 낳는다.)

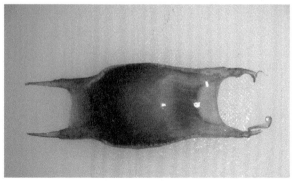

몸 밖으로 내보내지는 볼락, 조피볼락, 쏨뱅이와 같은 종들이 있는데, 이들은 난태생이라 하여 태생과 구분하고 있다.

상어와 가오리류도 암수가 몸을 붙여서 체내 수정을 하는데 이 연골어류들도 새끼를 낳는 종과 알을 낳는 종이 있다. 서해안에서 흔히 보이는 까치상어는 어미와 닮은 새끼를 낳는 난태생어이며 횟감으로 인기 있는 두툽상어는 두꺼운 난각에 쌓인 알을 낳는다.

다른 생물체 내에 수정란을 낳아서 발생하는 동안 수정란이 보호되도록 하는 종들도 있다. 멍게류의 몸속에 알을 낳는 가시망둑, 돌팍망둑 등 횟대류, 민물조개 속에서 알을 낳는 납자루류도 있으며 수컷이 새집처럼 집을 짓고 수정란을 그 속에 낳고 지키는 가시고기류 등 독특한 번식 전략을 가진 어종들도 있다.

자기가 낳은 새끼들을 잡아먹으면서 사는 종들도 강과 바다에서 볼 수 있다. 차가운 물이 흐르는 하천, 강의 상류에 사는 열목어는 산속 계곡의 좁은 수계에 살기에는 몸집이 큰 어종인데 이들은 자신이 낳은 새끼들을 먹이로 잡아먹기도 하면서 서식처의 부족한 먹이 문제를 해결한다. 우리나라에서는 경상북도와 강원도 산골짜기 수계에 살아남았다. 이와 유사하게 먹잇감이 흔치 않은 앞바다나 대양에서 살아가는 참치도 때로는 자신의 새끼들을 잡아먹으면서 부족한 먹이를 대신하곤 한다.

태생과 난태생의 구분

태생은 어미의 배 속에서 부화하여 성장하는 동안 어미로부터 영양분을 받는 종을 말하며, 난태생은 체내 수정 후 어미 배 속에서 발생과정을 거치면서 어미로부터 영양분을 받지 않고 부화하면 어미 배 밖으로 나오는 종을 말한다. 대표적인 태생어로는 망상어, 인상어가 있으며 난태생어로는 볼락, 조피볼락, 쏨뱅이가 있다.

난태생인 볼락어미 배 속에서 난발생과정을 거치는 새끼들(2월 통영)

놀라운 암수 전환의 세계

성의 결정과 성전환

하등동물일수록 성의 경계가 뚜렷하지 않다. 물고기는 척추동물에 속하지만 성의 발달이 늦은 종도 있어 어릴 때에는 암수 성세포를 동시에 가지고 있다가(암수동체) 성장하면서 어느 시기에 암수로 나뉘어 분리되기도 한다. 그렇게 성의 결정이 늦는 종이 있고 성장하면서 성 자체가 바뀌는 종도 상당수 알려져 있다.

자웅동체와 성 선숙

한 물고기 배 속에 암컷과 수컷의 성세포를 함께 가지고 있는 것을 자웅동체라고 한다. 즉, 이 개체는 자웅 생식소 모두를 가지고 있는 것인데 여기에는 자성선숙, 웅성선숙, 자웅동시성숙이 있다.

1) 자성선숙

암컷으로 먼저 성숙하는 자성선숙 종으로는 용치놀래기, 황돔 등이 알려져 있다. 용치놀래기는 옅은 붉은색을 띤 암컷이 되었다가 더 자라면 초록색의 수컷으로 성전환한다.

2) 웅성선숙

수컷으로 먼저 성숙하는 웅성선숙 종에는 감성돔과 까지양태가 있다. 감성돔은 초기에 자웅동체로 지내는데 대개 3세까지는 수컷으로 지내지만 그 후 4~5세에는 대부분 암컷으로 성전환하는 것으로 알려져 있다.

3) 자웅동시성숙(암수 동체)

농어과에 속하는 일부 어종들은 자웅이 동시에 성숙하는데, 멕시코 연안의 일부 어종은 정소와 난소를 동시에 가지고 있다. 배속의 알과 정자는 짜내어서 자가수정(self fertilization)이 가능하다고 알려져 있지만, 자연에서는 두 개체가 만나 산란행동을 하면서 산란과 수정이 이루어진다고 한다.

성에 따른 형태 차이

암수 성에 따라 체형, 체색 등 형태가 다른 종들도 많다. 놀래기, 혹돔 등 놀래기류가 그것이다. 그중 용치놀래기는 암컷이 자라면 수컷으로 성전환하는 종으로 알려져 있는데 암컷과 수컷의 체색이 너무 달라서 오래전에는 다른 종으로 취급되었던 적도 있었다.

용치놀래기 수컷(위)과 암컷(아래)

감성돔은 어릴 때는 수컷이다가 4세가 지나면서 암컷으로 성전환한다.

혹돔은 성어가 되면 수컷의 이마에 야구공만 한 혹이 생겨서 그렇지 않은 암컷과 형태로 구분이 가능하다. 이러한 수컷의 형태는 자신의 영역을 지키는 수컷의 위용을 나타내는 한 형태인 것으로 보인다.

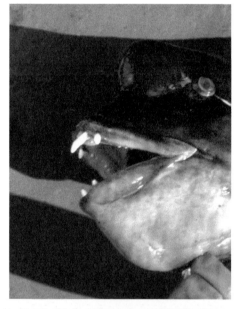

혹돔 수컷. 이마의 커다란 혹과 아래,위턱의 크고 강한 송곳니가 특징이다.

혹돔 암컷. 수컷과 같은 머리 혹이 없다.

대양을 회유하면서 살아가는 만새기도 성어가 되면 이마 부분의 형태로 암컷과 수컷을 구분할 수 있다. 수컷은 이마가 튀어나와서 머리의 앞부분이 거의 직각을 이루는 반면 암컷은 주둥이에서 머리 꼭대기까지의 각도가 완만하다.

성어가 된 돌돔의 수컷은 체측의 검은 띠무늬가 거의 사라져서 주둥이 부분만 검게 남고 몸 전체가 회청색을 띠게 되는 반면 암컷은 어릴 때 가진 검은 띠무늬가 성숙할 때까지도 체측에 비교적 뚜렷이 남아 있다.

그 외 연안에서 흔히 보이는 문절망둑, 풀망둑은 어미가 되면 위에서 본 머리, 주둥이의 형태가 수컷은 사각형에 가깝게 변하고 암컷은 유선형으로 남아 있게 된다.

이처럼 물고기들은 성어가 되면서 암수의 형태가 조금씩 차이가 나는 종이 많으며 특히 산란기가 되면 일시적으로 암수 형태가 달라지는 종도 많다.

사회 조직을 책임지는
놀라운 용치놀래기의 성전환 현상

사회생활 조직체의 성 비율이 교란되었을 때 성전환을 하는 종도 있다. 자성선숙의 물고기로 잘 알려진 용치놀래기는 수컷과 암컷 여러 마리가 사회생활을 한다. 이 조직에서 수컷이 사라지면 동일 구성원이었던 암컷 중에서 가장 큰 개체가 수컷으로 성전환하여 리더가 된다. 이때 암컷이 수컷으로 성전환하는 데 걸리는 기간은 약 한 달 정도이다. 분홍색 암컷이 초록색 대형 수컷으로 전환하여 조직을 이끌게 된다. 이처럼 매우 빠른 속도로 조직의 새 수컷 리더가 생기는 것이다. 이러한 조직 내의 상황에 따라 성전환을 하는 종으로는 놀래기류 외에 비늘돔류도 알려져 있다. 산호초에서 사는 비늘돔류도 수컷이 없어지면 암컷 중에서 한 마리가 푸른색을 띠며 수컷으로 성전환한다.

청줄청소놀래기기의 역성전환(reversed sex change)

다른 물고기의 피부, 입 속의 찌꺼기나 기생충을 먹고 사는 청소놀래기도 다른 놀래기류와 마찬가지로 무리에서 수컷이 없어지면 무리 중 한 마리가 수컷으로 성전환을 한다. 수컷이 없어지면 암컷 한 마리가 한 시간 내에 수컷 행동을 나타내기 시작하여 2~3주일만에 수컷으로 바뀐다.

또, 이 종은 역성전환 현상도 알려져 있는데, 수조 속에 수컷만 두 마리 넣어두면 두 마리 중 몸집이 작은 수컷이 암컷으로 성을 바꾸어서 알을 낳는다(www.onlinelibrary.wiley.com).

육상의 고등동물인 사람이 보기에는 매우 신기한 물고기의 성 결정, 성전환 현상이라 하겠다. 물고기의 성에 대한 결정 시기와 전환이 가능한 중성의 존재에 대한 연구는 아직도 연구해야 할 부분이 많다.

기생과 공생 : 더불어 살아가는 물고기

물고기의 함께 살아가기

수중세계에서도 육상 생태계에서 볼 수 있는 것과 마찬가지로 서로 다른 분류군의 종들이 협력하거나 또는 일방적으로 한쪽 편의 편리를 보면서 살아가는 사례들이 있다.

가장 널리 알려진 공생은 말미잘과 그 촉수 사이에서 살아가는 흰동가리(아네모네피시)류이다. 말미잘은 촉수의 독침으로 다른 먹잇감을 사냥하여 잡아먹고 사는데 흰동가리류는 이 촉수의 독침에 잘 적응하여 말미잘의 촉수 사이에서 가족 단위로 살고 있다. 우리나라에서는 제주도 서귀포 연안에서 가끔 만날 수 있는데 말미잘 촉수 사이에서 사는 흰동가리는 산란기가 되면 말미잘의 뿌리 쪽 암반에 알을 낳고 어미가 알이 부화할 때까지 지킨다. 알에서 부화하여 자란 새끼는 말미잘을 떠나지 않고 지내 어미와 함께 발견되기도 한다. 열대 바다에서는 말미잘과 공생하는 흰동가리류를 흔

말미잘과 공생하는 흰동가리류
(크라운 아네모네피시, 필리핀 보홀 발리카삭Bohol Balicasag)

말미잘 촉수의 독침을 두려워하는 다른 물고기들과는 달리
흰동가리는 말미잘 촉수를 청소해 주며 촉수 사이에 숨어 지낸다.

히 볼 수 있는데, 어떤 말미잘에서는 흰동가리와 샛별돔 등 여러 종이 함께 공동체를 이루어 살고 있는 모습도 종종 볼 수 있다.

청소놀래기

덩치가 자신보다 수십 배 큰 자바리나 돔의 입 안과 아가미 속을 돌아다니면서 기생충이나 찌꺼기를 집어먹는 장면은 다큐멘터리에서도 볼 수 있다. 청소놀래기의 역할을 잘 알고 있는 바리류, 방어류는 청소놀래기가 있는 암초 부근으로 다가와 입을 크게 벌린다. 작은 물고기를 먹고 사는 이들 육식성 어종들이 청소놀래기 앞에서는 청소를 부탁하는 손님처럼 순서를 기다리고 자기 차례가 되면 입과 아가미 뚜껑을 크게 벌리고 청소놀래기가 청소를 마칠 때까지 얌전하게 기다리는 것이다. 이러한 행동들은 오랜 유전적인 정보를 통한 교육 효과라 할 수 있다. 수중에서 관찰하면 청소를 받으려 하는 물고기들이 모두 다 덩치가 크지 않다는 것을 알 수 있다. 암반 지대에서 청소놀래기와 함께 서식하는 손바닥만한 자리돔류, 쥐돔류, 비늘돔류 등 비교적 몸집이 작은 물고기들도 청소놀래기에게 서비스를 받는 것을 흔히 볼 수 있다. 손님들은 입 속과 아가미 속의 찌꺼기나 기생충을 안전하게 제거하는 청소놀래기의 먹이 사냥을 고맙게 생각한다.

내가 수중에서 관찰한 바로는 청소놀래기의 사촌격인 놀래기도 청소를 한다. 흔하게 볼 수 있는 장면은 아니지만 놀래기과의 어류 중 크기가 비교적 작은 놀래기는 따뜻한 바다를 좋아하는 종으로 울릉도, 독도, 남해안과 제주도에 개체 수가 많다. 이 종은 먹이

쥐돔과 청소놀래기(일본 야쿠시마 연안)

에 대한 욕심이 많아서 낚시인들에게는 미끼도둑으로 취급된다. 독도 연안과 대마도 남동쪽 연안을 조사할 때 본 놀래기들은 마치 청소놀래기처럼 다른 종의 피부에 붙은 것들을 떼어 먹는 행동을 보였고 청소를 당하는 어종은 마치 청소놀래기에게 보이는 행동을 나타내었다. 아직 놀래기가 청소를 한다는 공식적인 보고는 없지만 수중세계에서는 '절대'라는 단어가 맞지 않는다는 것을 또 한 번 느낀다.

실망둑과 가재

남해안이나 열대 바다의 사니질 바닥에서는 바닥에 구멍을 뚫고 계속해서 구멍 속의 돌을 밖으로 내보내는 가재와 구멍의 입구

가재와 굴을 함께 쓰면서 망을 봐 주는 실망둑류(일본 야쿠시마 연안)

에 배지느러미를 받치고 머리를 든 채 주위를 두리번거리는 망둥어를 만날 수 있다. 가까이 접근하지 않고 가만히 지켜보면 굴 속의 가재는 부지런히 구멍 속의 작은 모래알갱이나 돌 조각을 구멍 밖으로 빼내는 공사(?)를 계속하고 있으며 그 구멍 앞에서는 망둥어(실망둑류)가 주위를 경계하고 있는 것을 알 수 있다. 가재는 망둥어의 피신 동굴을 제공하고 망둥어는 외부의 포식자의 접근을 가재에게 알리는 역할을 하는 것이다.

해파리와 작은 어류들

바다를 떠다니는 대형 해파리의 촉수에는 독침이 있어 어류나 다른 해양생물들에게는 치명적이다. 그러나 대형 해파리의 긴 촉수 사이나 해파리 머리의 안쪽에서는 전갱이, 물릉돔, 샛돔류 등의 작은 새끼 물고기들을 종종 볼 수 있다. 이 새끼 물고기는 해파리의 촉수에 적응하여 그 사이에서 포식자들을 피하면서 먼 거리를 이동하며 성장한다. 그러다 어느 정도 유영능력과 도피능력을 갖추면 해파리를 떠나 어미와 같은 생활양식을 갖게 된다.

빨판상어와 덩치 큰 어류들 (고래상어, 만타가오리 등)

지느러미 폭이 4m가 넘는 대형 만타가오리나 몸 길이가 10m나 되는 고래상어처럼 덩치가 큰 물고기들은 등지느러미가 빨판으로 변형된 빨판상어의 좋은 교통편이 되어 준다. 빨판을 이용해 큰 물고기의 몸에 붙어 멀리까지 이동하고, 먹잇감 찌꺼기나 주위의 먹이들을 먹으면서 여행을 하는 것을 볼 수 있다. 물론 빨판상어도 유영력이 있어 단독생활을 하기도 하지만 대체로 가오리, 상어, 바다거북과 같은 큰 동물의 몸에 붙어서 먹이를 얻거나 휴식하면서 이동을 한다.

그 외 해삼 항문에 들어가 사는 숨이고기도 공생의 예다. 기생과 공생의 명확한 구분이 어려운 예도 있지만 수중 생명체들이 나름대로 서로에게 기대고 의지하면서 살아가는 모습이 아름답게까지 보이기도 한다. 이는 거대한 도시를 중심으로 살고 있는 우리 인간사회에서 '함께 살기' 정신이 점차 희미해져 가기 때문일까?

기생과 공생

*기생:

대상생물(숙주)이 죽지 않으며 살아 있는 채로 기생생물에 의하여

소비되는 관계. 숙주의 성장률, 번식률을 낮추고 사망률을 높인다.

살아 있는 생물종의 50% 이상이 기생성일 것으로 추정된다.

기생생물과 숙주의 번식률: 반비례 관계

기생생물과 숙주의 사망률: 비례 관계

예) 병원균, 기생충 등

*공생, 편리공생:

기생과는 달리 상호작용이 양쪽 또는 한쪽에 도움이 되는 관계.

서식처 제공, 생리적 기능, 포식으로부터 보호 등

예) 흰동가리와 말미잘, 집게와 말미잘

집게와 말미잘(일본
니가타 수족관)

가장 큰 물고기와
가장 작은 물고기

    바다에 사는 동물 중 가장 큰 종은 흰수염고래이지만 이 종은 육지에서 바다로 들어간 포유류이다. 그래서 사실 바다에 사는 물고기 중에서 가장 큰 종은 바다의 코끼리라 부르는 고래상어(*Rhincodon typus*)이다. 이름은 고래라고 붙어 있지만 분류학적으로는 상어류에 속하는 연골어류이다. 몸길이는 약 20m, 체중은 40~50톤에 이른다. 큰 몸집과 이름은 고래와 혼돈하기 쉽지만 아가미를 가지고 물속 산소로 살아가는 상어의 일종이다. 푸른빛의 등에는 흰 점들이 있고 배는 희다. 입은 옆으로 넓적하고 비늘 같은 작은 이빨을 가지고 있다. 덩치가 큰 육상의 코끼리는 풀을 뜯어 먹고 살지만 고래상어는 작은 플랑크톤을 먹는다. 몸집이 큰 동물들의 공통점은 풀이나 움직임이 거의 없는 플랑크톤을 먹는다는 점이고 이는 움직임이 빠른 먹잇감을 잡아먹는 게 어렵기 때문일 것이다. 고래상어는 외양성 어종으로 먼 거리를 이동하며 살아간다. 대서양, 태평양, 홍해, 호주, 일본, 하와이 등 비교적 따뜻

지구상에서 가장 큰 어류인 고래상어(오키나와 수족관)

한 바다에 널리 서식하는데 우리나라에서는 남해, 제주도 연안에서도 가끔 만날 수 있다. 스쿠버다이버들에게와 해양수족관에서 인기가 매우 높으며 멸종을 막기 위해 보호하고 있는 종이다. 일본 오키나와, 필리핀 등지에서는 고래상어에게 먹이를 주면서 관리를 한다. 이러한 관리를 통해 사람과 친해진 고래상어를 관찰하는 해양관광 상품이 다이버들에게 인기가 많다.

경골어류 중에서는 몸길이가 3m가 넘는 개복치(*Mola mola*)가 가장 크다. 개복치는 생김새도 특이하다. 입은 구멍처럼 생겼고, 8~9개의 골판으로 변한 꼬리지느러미는 마치 꼬리 뒤가 잘려나간 것처럼 보인다. 대체로 검푸른색이며, 배쪽은 옅다. 몸은 두꺼운 껍질로 덮여 있고 비늘은 없다. 해파리를 주로 먹고 사는 것으로 알

최대 몸길이 3.3m까지 자란 기록을 가진 개복치는 경골어류 중에
몸집이 가장 크다.(부산 공동어시장)

려져 있으나 어류, 연체동물, 갑각류, 동물 플랑크톤도 먹는다. 먼
바다에서 가끔 등지느러미를 수면 밖에 내놓고 헤엄치기도 하며,
바다 표면에 누워서 쉬기도 한다. 1억 개가 넘는 알을 낳는 종으로
유명하다.

지구상에서 가장 작은 물고기로는 몸길이가 1cm가 안 되는 몇
종이 기록되어 있다. 망둥어류, 해마, 심해아귀(수컷), 산호에 붙어
사는 유리망둑류 중에서 전장이 1cm 전후이거나 그보다 작은 종
들이 있다. 1970년대까지는 난쟁이피그미망둥어(*Pandaka pygmaea*,
Dwarf pygmy goby, Philippine goby)가 몸길이 1cm 정도인 망둥어류로
알려져 있었다. 그 후 1978년, 1979년 발견된 망둥어류인 난쟁이

인도네시아 렘배해협에서 발견된 1cm가 채 안 되는 난쟁이해마(가칭)

고비(*Trimmatom nanus*, Midget dwarfgoby)가 몸길이 8.5mm로 가장 작은 물고기로 기록(1981년 신종으로 기록)되었다. 2004년까지는 이 종이 최소형 어종으로 기록을 보유하고 있었는데 2004년에 호주 박물관의 연구진이 발견한, 몸길이가 0.8~1cm인 스타우트 인펀트피시(*Schindleria brevipinguis*, Stout infantfish)가 최소형 어종으로 기록을 바꾼다. 2005년에는 인도네시아(수마트라의 늪)에서 발견된 몸길이가 1cm인 잉어과에 속하는 담수 어종(*Paedocypris progenetica* Kottelat, Britz, Tan & Witte, 2006)이 다시 최소형 어종으로 기록되었다. 이 종은 알을 가진 암컷의 최소 몸길이가 7.9mm로 인도네시아를 포함한 동남아시아에 분포하는 민물고기이다. 몸집이 극히 작은 이들 어류는 육상의 하루살이처럼 수명도 짧은 것으로 알려졌다.

그 외, 인도네시아 렘배해협에서 2008년 발견된 실고기과에 속하는 스레드 파이프피시(*Kyonemichthys rumengani*, Thread pipefish)는 몸길이가 최대 2.7cm였다. 심해 아귀(*Photocorynus spiniceps*) 중 암컷은 전장 4.3cm인 반면, 암컷 몸에 붙어서 살아가는 수컷은 몸길이가 약 1cm로 알려져 있다(www.fishbase.org). 소형 신종들은 계속 발견되고 있어 최소형 어종 기록은 언제 어디서 다시 바뀔지 모른다.

선호하는 수심,
체색으로 짐작하는 물고기 생태

　바닷속에서 살아가는 많은 해양생물들은 수층이나 서식처 환경에 따라 다양한 체색을 가지며 그 체색도 여러 가지 상황에 따라 변화한다. 몸에 좋다고 알려진 '등푸른생선'은 왜 등이 푸를까? 이것은 우리가 바라보는 바다색이 푸른색이기 때문이다. 등이 푸른 생선은 바다 수면 가까이를 회유하는 종이 많다. 만약, 바다색이 붉은색을 띠었다면 '등붉은생선'이란 말이 나왔을 것이다.

　그러면, 바다는 왜 푸른색을 띠게 되었을까? 태양빛은 밝게 보이지만 프리즘을 거치면 '빨주노초파남보' 무지개색으로 분리되며, 그 속에는 다양한 파장의 빛들이 혼합되어 있음을 알 수 있다. 바다에 태양광이 비치면 일곱 가지의 색 중에서 빨강색, 주황색, 노란색 등 긴 파장의 색들은 먼저 흡수되고, 표층에서 흡수되기 어려운 푸른색 계통의 색들이 가장 깊은 곳까지 침투하는데 이로 인해 바다가 푸른색으로 보이는 것이다.

　이 푸른색에 자신의 몸을 숨기기 위해서 바다 표층, 중층에서 살아가는 어종들(고등어, 정어리, 꽁치, 다랑어 등)의 등은 푸른색을 띠게 되었다. 이 어종들의 등은 푸른색이나 남색, 검은색 등 어두운 색을 띠는 반면, 배는 은백색, 흰색 등 밝은 색이다. 이는 포식자가 먹잇감에게 다가갈 때 자신의 몸을 숨기는 효과가 있다. 햇빛을 받는 쪽은 어둡고 그늘진 부분이 밝은 빛을 띠는 '카운터쉐이딩(Countershading)' 현상은 표층성 어류뿐만 아니라 갑오징어, 펭귄, 고래에서도 볼 수 있다.

등푸른생선의 체색에도 정밀한 적응현상이 숨어 있다

우리는 일반적으로 등푸른생선이라 하면 앞바다의 표층, 중층에서 서식하는 고등어, 참치 등을 가장 먼저 떠올린다. 검은색, 남색, 푸른색(청색), 녹색 등 다양한 어종들의 색상을 꼼꼼히 따져보면 나름대로 서식처와의 적응 현상에 따른 것임을 알 수 있다.

1) 검은색, 남색: 쿠로시오 해류를 따라 남북으로 오르내리며 살아가는 다랑어류(참치), 새치류는 등이 푸른색이라기보다는 거의 검은색이나 남색에 가깝다. 쿠로시오 해류의 이름이 하늘에서 보면 바다가 검게 보인다 하여 붙여진 것(黑潮, 흑조)임을 안다면 쉽게 이해할 수 있다. 쿠로시오 해류나 열대, 아열대 해역의 먼 바다를 회유하는 어종들(참다랑어, 가다랑어, 청새치, 돛새치 등)은 육지에서 먼 바다의 표층색과 유사한 검은색 계통이 강한 흑청색을 띠고 있다.

2) **녹색**: 등이 녹색(초록색)을 띤 어종으로는 방어, 부시리가 대표적이다(잿방어도 있지만 이는 보라색, 잿빛이 강한 종이다). 이러한 어종들은 바다색이 초록색이 강한 연안 해역에 자주 출현하는 종이라고 보면 이해가 갈 것이다. 우리나라 남해안 연안의 바다색은 초록색을 띠고 있어 이 어종들이 돌아다니기에 적합하다(이러한 풀이는 오랫동안 물고기들을 관찰해 온 나의 주관적인 견해라는 점을 밝혀둔다). 이 종들도 때로는 청색, 군청색이 매우 강한 동해, 울릉도 독도 연안에서도 떼를 지어 다니기도 하며 때로는 200m 수심대의 깊고 어두운 대륙붕 해저로 내려가기도 한다. 다만, 남해에서 참치떼를 만날 수 있는 해역과 방어, 부시리 등의 서식 해역을 비교할

등 검은 종인
날개다랑어는 먼
바다(대양)에서 회유하며
살아간다.

초록색 등을 가진 방어는
다랑어류보다는 연안
쪽에서 회유하면서 사는
종이다.

때 참치류에 비하면 방어나 부시리는 상대적으로 가까운 연안에서 흔히 출현한다.

　같은 종이면서도 성장하면서 체색이 바뀌는 예도 있다. 전갱이는 어릴 때 등이 회색빛, 황록색을 띠다가 성장하여 40cm 전후의 성어가 되면 등이 흑청색을 띤다. 이는 연안에서 어린 시기를 보내고 성장하면서 점차 깊은 먼 바다로 나가는 생태적인 회유 특성에서 비롯된 변화라 볼 수 있다.

　3) **회색, 청회색**: 숭어, 가숭어, 농어, 어린 전갱이, 감성돔 등이 이 그룹에 속한다. 이 종들은 펄이 많은 연안이나 강 하구역의 탁

등에 회색빛이 강한 농어는 민물이 섞이는 얕은 연안이나 강하구 등에 자주 나타난다.

등이 회색인 감성돔은 수심 50m보다 얕은 곳에 서식한다.

한 바다색(회색빛이 강한 색)에 잘 적응한 종으로 보인다. 특히, 농어, 숭어나 감성돔처럼 어린 시기에는 강 하구나 하류까지 오르내리는 종들은 등이 회색이나 흑회색을 띠는 것이 주위 환경에 잘 어울리는 체색이라 할 수 있다.

이렇듯 같은 등푸른생선이라도 종마다 조금씩 다른 체색들은 그들이 주로 지내는 해역의 환경과의 관계를 나타낸다. 이는 오랜 세월을 자신들의 서식처에 적응해 온 정교한 진화의 결과라고 볼 수밖에 없다. 바꾸어 말하면, 표층과 중층을 회유하며 살아가는 어종들의 등만 보면 그 종이 주로 어디에서 살고 있던 종인지 즉, 서식처가 연안인지 앞바다인지 아니면 먼 대양인지를 유추할 수 있는 것이다. 어시장에 가서 우리들과 친숙한 생선들을 보면서 그들이 어떤 바다에서 유영하면서 살다가 우리 곁에 왔는지를 이해하는 것도 재미있는 바닷물고기의 이야깃거리이다.

체색을 보면 서식 수심대를 알 수 있다

앞에서 서술한 대로 빛은 수면을 뚫고 내려가면서 파장이 긴 색부터 흡수가 된다. 수심 100m에 이르면 거의 청색 계열만 남고 모두 흡수되어 버린다. 이때 광량도 바다 표면의 1% 정도밖에 안 되는데, 수심 1,000m 정도에서는 수면 광량의 약 1/100조 정도로 거의 빛이 없는 암흑세계라 할 수 있다. 부족한 빛 조건 아래 식물 플랑크톤 광합성도 종에 따라 다르지만, 수심 200m 전후까지만 가능한 것으로 알려져 있다.

빛이 약하거나 거의 닿지 않는 깊은 바다에 서식하는 어류 체색은 붉은색이나 검은색이 많다. 수심이 약 100m를 넘기면 거의 청색 세계가 되어 청색광을 흡수한 붉은 물체는 검게 보인다. 백색광 아래에서 선명한 붉은색도 깊은 바다에서는 이처럼 어둡게 보이기 때문에 '붉은색'은 그 수심층에서는 '보호색'이 되는 것이다(깊은 바다에서 사는 어류 중 붉은색이나 검은색이 많은 이유가 바로 이 때문이다). 그보다 더 깊은 수심대로 내려가면 그나마 청색광도 없어져 생물들의 체색은 검거나 흰색의 무채색이 많아진다. 수심 100m 전후 수심대에서 머무는 시간이 많은 참돔이 붉은색, 수심 30~40m보다 얕은 수심대에서 주로 사는 감성돔이 회색, 흑회색을 띠는 차이는 이들이 서식하는 수심대의 빛의 조건에 따른 것으

선홍색을 띤 홍감펭은 깊은 바다(150~500m)에 산다.

붉은색 등을 가진 참돔은 30~200m 수심대에 산다.

로 생각할 수 있다.

이렇게 각 어종의 체색으로 그 종이 주로 서식하는 수심층과 환경, 생태적 특성을 짐작할 수 있다. 즉, 감성돔(흑회색)과 참돔(붉은색), 농어와 숭어(청회색, 회색), 방어와 부시리(초록색), 참치(짙은 푸른색, 흑청색, 곤색) 등의 차이는 그 종들이 서식하는 해역이나 수심층을 나타내는 것이다.

같은 종이라도 서식하는 수심층, 서식처에 따라 체색이 다르다

10~15cm 정도의 어린 쏨뱅이는 연안 수심 5~6m 암반층에서도 종종 만날 수 있다. 이 시기의 쏨뱅이는 얕은 연안에 사는 노래미와 마찬가지로 선홍색과 같은 붉은색 계열보다는 갈색이 강한 붉은색 계열의 체색을 띤다. 그러나 같은 쏨뱅이라도 서식 수심층이 깊어질수록 붉은색이 강해진다. 이러한 현상은 참돔 체색에서 언급한 바와 같이 붉은빛은 깊은 수심층에서는 청자주색, 회색, 검은색으로 보이기 때문에 그 수심층에서의 보호색으로는 효과적이기 때문일 것이다.

연안 갯바위에서 어린 쏨뱅이를 잡아서 조수 웅덩이에 넣어 두었더니 주위의 밝은 환경에 맞추어 어깨 쪽이 밝은 색을 띠는 것을 본 경험이 있다. 남해안 조수 웅덩이에서 흔히 볼 수 있는 손가락만 한 별망둑이나 점망둑처럼 어깨 부위가 밝아진 것이다. 이는 주위의 환경에 맞추어 자신을 숨기기 위해 적응하는 현상이라 볼 수 있는데, 어린 쏨뱅이가 빛의 조건에 반응하여 어깨 부위가 밝아진다는 것은 매우 흥미로운 현상이었다.

쏨뱅이의 어깨 위장색.
조수웅덩이 속 점방둑과
유사하다.
(송도 조수 웅덩이)

같은 포구 내에서
채집된 해마의 다양한
채색과 무늬.
해조와 함께 채집된
해마(위)와 다양한
위장색(아래) ⓒ명세훈

손가락만 한 해마는 상상 이상의 위장색을 가진다. 유영력이 뛰어나지 않은 해마는 자신이 서식하는 해조류의 형상에 맞추어서 체색을 정한다. 부산항 인근 포구 내 불과 100~200m 사이에서 채집된 해마는 자신이 의지하고 있는 해조류의 색과 형상에 맞추어서 매우 다양한 체색과 무늬를 갖고 있음이 밝혀졌다. 같은 장소에서 서식하는 같은 종이지만 위장색은 마치 다른 종처럼 보일 정도로 정교했다.

바다와 강을 왕래하는 물고기들

바닷물고기를 민물에 넣으면 죽고 민물고기를 바닷물에 넣어도 죽는다. 이처럼 바닷물고기와 민물고기는 염분도에 대응하는 생리(삼투압 생리)가 달라서 강과 바다가 이어져 있어도 그 경계를 넘어서 살지 못한다. 그러나 삼투압 조절 능력을 일시적으로 갖는 어종들은 바다와 강을 왕래할 수 있다.

농어, 숭어 새끼들은 봄에 하천으로 올라오며 가을이면 연안으로 다시 내려간다. 이처럼 강과 바다를 오가는 종들은 삼투압 조절을 위하여 아가미와 구강에 염세포(choride cells)가 발달되어 있어서 과잉 염분을 제거할 수 있다.

바다와 강을 왕래하는 물고기에는 두 가지 유형이 있다. 강에서 살다가 산란을 할 때가 가까워지면 바다로 내려가는 유형(강해형)과 바다에서 살다가 산란을 하기 위해 강으로 거슬러 올라가는 유형(소하형)이다. 전자의 대표적인 종은 뱀장어이며 후자는 연어, 송어가 대표적이다. 알을 낳기 위해서 바다로 내려가는 회유를

강에서 부화한 은어 새끼들은 바다로 내려갔다가 다시 올라온다.

강하성 회유(catadromous migration)라 하며 연어처럼 바다에서 살다
가 산란을 위하여 강으로 돌아오는 회유를 소하성 회유(anadromous
migration)라 한다.

태평양의 연어, 곱사연어, 왕연어, 은연어, 시마연어(송어), 홍연
어와 대서양의 대서양연어 등은 강에서 태어나 바다로 내려가 살
다가 다시 자신이 태어난 강으로 돌아오는 종들이다.

강은 물고기의 몸보다 낮은 염분도의 민물 환경이고 바다는 물
고기의 몸보다 높은 염분도를 가진 환경이기 때문에 바닷물고기
와 민물고기는 일정한 체내의 염분도를 유지하려는 생리적 기작
이 정반대로 작동한다. 따라서 강과 바다를 왕래할 수 있는 종들
은 이러한 정반대의 환경에서 자신의 몸 속 염분도를 유지하는 별

도의 삼투압 조절 능력을 일시적이나마 가져야 한다.

물고기의 삼투압 생리를 맡고 있는 주 기관은 아가미와 콩팥이다. 염분도가 높은 바다로 내려가려는 민물고기는 몸으로 들어오는 염분을 배출하는 염세포가 아가미에 발달하여 바닷물고기처럼 몸으로 들어오는 염분을 계속해서 배출해야 한다. 반대로 염분도가 높은 바다에서 강으로 올라가려는 물고기는 수분의 흡수를 최대한 저지하고 몸 밖으로 빠져나가는 염분을 막는 능력을 가져야 한다.

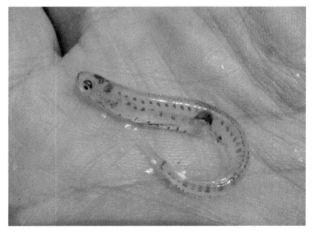

사백어는 봄이 되면
하천으로 올라와 알을
낳는다.(경남 거제도)

동해에서 잡힌
시마연어(송어)

알에서 부화한 연어 새끼들은 바다로 내려가기 직전에 염분도가 높은 바다에서 생존하기 위하여 염분을 배출하는 염세포가 아가미에 발달한다.

왜 이러한 종들은 생리적인 한계를 극복하는 어려운 과정을 겪으면서까지 강과 바다를 오가게 되었을까?

연어는 신생대 시신세(약 3,390만~5,600만 년 전)에 지구상에 처음 출현하였으며 대부분의 종들은 신생대 말기(200만~700만 년 전)에 분화하였다. 연어들은 강에서 머무는 기간을 줄이고, 대양에서는 먼 거리를 회유하는 쪽으로 진화해 왔다. 결과론적으로 보면, 몸집이 큰 연어는 수온 변화나 수량 변동 등 환경변화가 심하고 먹잇감이 적은 강과 하천을 떠나 자신들의 생존에 유리한 바다로 내려온 것으로 생각된다.

뱀장어의 경우 강에서 살다가 산란을 위해 바다로 내려오지만 아직까지 정확한 산란 장소는 알지 못한다. 알과 새끼가 출현하는 해역으로 추정하고만 있다. 뱀장어는 중생대 백악기(약 1억 년 전)에 지구상(현재 인도네시아 보르네오섬 부근)에 출현했던 바다고기로 추정하고 있다. 당시 대륙은 지금의 위치와 달랐는데 뱀장어는 좁은 해협의 중층에서 살던 장어류 중 하나였다고 한다. 먼 바다의 중층에서 살던 뱀장어 조상은 점차 먹이가 풍부하고 경쟁자가 적었던 강으로 거슬러 올라가게 된 것으로 추측하고 있다. 그 후 바다가 확장되면서 살던 바다와 육지가 점점 멀어짐에 따라 수온, 수심이 산란에 적합한 해역을 기억하여 수천 킬로미터의 먼 거리를 산란 회유하게 되었다고 추정하고 있다.

이 두 종의 출현과 진화과정을 놓고 보면, 냉수성 어종이던 연어는 빙하기가 반복되는 북반구의 춥고 먹이가 부족한 강, 하천을 떠나 바다로 내려갔고, 열대 바다의 깊은 수심대 중층에 살았던 뱀장어 조상은 먹이가 풍부하고 경쟁자가 상대적으로 적은 강, 하천으로 올라간 것으로 생각된다. 현재 두 종의 생활사만 가지고 생각해 보면, 생존에 유리한 서식처로 옮겨간 과정은 있지만 두 종 모두 조상들이 원래 살던 곳(산란장)을 잊지 않고 여전히 먼 거리를 찾아가는 습성을 가지고 있음이 공통점이란 게 재미있다.

사라진 어종들 :
명태, 말쥐치의 진실

최근 화제가 되고 있는 수산 어종은 역시 명태일 것이다. 한때 동해의 명태 자원은 풍부했다. 80년대까지도 연간 10만 톤 이상이 잡혔던 동해에서 자원고갈 걱정이 당분간 없다고 했던 명태였지만, 최근에는 우리나라 동해안에서 명태새끼(노가리)도 자취를 감추고 성어는 더욱 찾아보기 힘들어졌다. 동태찌개를 즐겨 먹었던 우리나라 서민들은 러시아나 일본 홋카이도에서 수입을 해서 명태 요리를 해야 하는 현실에 직면해 있다.

원래 풍부했던 수산 어종의 자원이 감소되었을 때 그 원인은 찾기가 쉽지 않다. 우리나라 동해 중부 해역이 분포 남한한계였던 명태는 더욱더 그 원인이 모호하다. 그러나 북태평양의 명태 자원이 갑자기 줄어든 가장 큰 원인으로는 남획이 지적되고 있다. 그동안 우리나라에서는 어린 명태에 '노가리'란 새로운 이름을 붙여서 오랫동안 어업자원으로 어획해 왔다. 명태 서식처로 알려진 북한 동해안부터 러시아, 캐나다, 미국 알래스카 연안으로 이어지는 명태

자원의 분포 해역 중 일부에서는 오랫동안 과도한 어획으로 인한 남획현상이 심각하다. 그런 해역에서는 명태 어업을 금지해야 할 정도로 자원이 고갈되었다고 판단되어 북태평양 자원관리협회에서 어업 금지령을 내린 상태이다.

반면, 같은 냉수성 어류인 대구는 북태평양에서 자원이 꾸준히 유지되고 있어서 정상적인 어업이 이루어지고 있다. 명태와 대구는 분류학상으로 가까운 종이지만 한 종은 자원이 고갈상태에 달해 어업금지 조치가 내려졌고, 한 종은 아직도 정상적인 어업활동

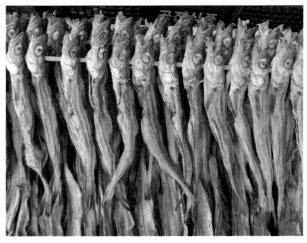

최근 동해에서 자취를 감춘 명태는 오랫동안 새끼(노가리)를 남획했던 것이 원인일지도 모른다.

봄이면 서해안을 따라 북상하면서 산란하던 참조기는 산란장에서의 남획으로 자원이 급속히 감소한 것으로 추정된다.

으로 개체 수를 유지하고 있다.

　이런 사실을 본다면 지구 온난화로 인한 바다 수온 상승으로 명태만 자원이 없어졌다는 얘기는 정밀한 과학적 분석이 뒷받침되어야 한다. 명태와 마찬가지로 냉수성 어종인 대구와 함께 우리나라 동해의 청어 역시 약 10년 전부터 자원이 증가하였으며 경남 연안까지 겨울철에 대량으로 출몰하는 종이 되었다. 내가 아는, 나이가 많은 한 어업인은 경남 통영 연안에 청어가 그렇게 많이 나타난 것을 지난 80년 동안 본 적이 없다고 했다. 대표적인 냉수성 어종인 대구, 명태, 청어 자원의 북태평양, 동해에서의 동태를 분석해 보면 동해안의 수온 상승만을 명태가 사라진 요인으로 보기는 무리가 있는 것 같다.

　이 어종과 유사한 현상을 보이는 어종이 있는데 바로 말쥐치이다. 말쥐치는 70~80년대에는 연간 15~30만 톤씩 생산하였으며, 너무 자원이 많아서 한때는 밭에다 내다 버리기도 하던 종이다. 당시 동해안 정치망에 드는 말쥐치는 그 양이 어마어마했다. 아침 일찍 정치망에서 건져낸 말쥐치를 싣고 항구로 향하면 가득 쌓은 말쥐치로 인해 멀리서 보면 마치 석탄을 가득 싣고 가는 배처럼 보이기도 했다. 살은 맛이 없어서 인기가 없었는데 언제부터인가 포를 떠서 약간의 단맛을 내는 양념을 한 뒤 말려서 먹기 시작했고 그것이 바로 80년대 유행했던 '쥐포'이다. 타원형으로 말린 쥐포 (쥐치포)는 당시 학교 앞에서 살짝 구워서 학생들 간식용으로 인기가 높아서 쥐포 시장이 매우 커졌다. 경남 삼천포에는 쥐포 공장이 여러 군데 있어 쥐치포로 호황을 누리던 시기가 있었다. 그러나 어느 해인가 쥐포 원료인 말쥐치가 바다에서 사라지고 점차 원료 공

말쥐치는 80년대 풍부했던 자원이 급속히 없어진 종이다.

급이 어려워지자 삼천포의 쥐포 공장은 하나씩 문을 닫을 수밖에
없었다. 지금도 여름이면 연안의 수중에서 말쥐치를 가끔 만나기
도 하지만 70~80년대의 풍부했던 자원의 양은 회복되지 않았다.
지금은 일부 국산 쥐포도 있지만 대부분 베트남 등지에서 만든 쥐
포를 수입해 먹고 있다.

　동해에서 자취를 감춘 어종으로는 정어리를 들 수 있다. 1930년
대 단일 어종으로 연간 어획량이 130만 톤에 달하였던 종으로, 당
시 정어리에서 추출한 기름을 일본이 2차 세계대전의 선박 연료로
사용했던 기록도 있다. 최근 우리나라 연간 총 어획량이 약 100만
톤 전후임을 감안하면 동해의 정어리 자원이 사라진 것은 매우 안
타까운 일이다. 오랜 기간에 걸친 남획 때문일까? 아니면 정어리
의 회유경로가 바뀜에 따라 우리나라 동해 개체군이 사라진 것일

한때 자원이 풍부하였던 동해 정어리는 어디론가 사라져 버렸다.

까? 이유는 확실하지 않지만, 다시 우리 바다에 정어리가 돌아오기를 기대해 본다.

주요 수산어종인 어류 자원이 없어지지 않도록 정부와 어민들이 노력을 하고 있다. TAC(total allowable catch, 총허용어획량제)는 대표적인 수산자원 보호정책으로 매년 종별로 잡을 수 있는 일정량을 정해 두고 어업생산량을 조절하는 제도이다. 우리나라에서 1999년부터 실시된 이 제도는 고등어를 시작으로 지금은 전갱이, 정어리, 꽃게 등으로 확대 적용되어 수산자원의 남획을 막고 자원보존에 큰 역할을 하고 있다. 인간이 과하게 어획활동을 하지 않는다면 자원이 유지될 가능성은 높아진다. 물론 해류, 어장환경 조건 등 다양한 요소들에 의하여 어종이 다른 해역으로 옮겨가거나 사라지는 예도 있겠지만 전통적인 어업 자원관리는 먼저 남획을 막는 것이 기본이다.

한때 걱정을 안 해도 된다던 명태 자원이 동해는 물론 북태평양에서도 급격히 줄어든 현상을 보면서 지금은 풍부하게 느껴지는 어업자원들에 대한, 보다 과학적인 자료 축적과 엄격한 관리가 필요하다는 것을 깨닫는다. 명태와 말쥐치의 사례를 보면서 어업 자원은 풍부할 때 관리해야 함을 다시 한 번 느낀다.

어류 취급 방법

물고기를 잡는 방법은 매우 다양하며, 목적 또한 식용, 연구용, 유어용(요리, 방류) 등 다양하다. 만약, 학술적인 연구를 위하여 관찰을 한다면, 채집과정, 연구과정, 방류과정에서 가능한 한 물고기의 생명과 건강에 지장이 없도록 해야 한다.

"낚시고기가 가장 싱싱하고 맛있다"는 말이 있다. 식용을 위하여 물고기를 잡는 방법은 정치망, 유자망, 트롤, 선망, 지인망, 낚시 등 다양하다. 이 중에서 물고기의 몸에 상처를 내지 않고 목표로 하는 어종만 선별하여 잡는 방법으로는 낚시가 가장 효율적일지도 모른다.

대형 그물을 이용한 정치망, 트롤, 선망 등은 일단 목표로 하는 어종과 크기를 어획과정에서 선별해 내기가 어렵고 대형 어선에서의 어획물 선별도 매우 어려운 것이 현실이다. 정치망은 살아 있는 상태로 잡아 내기는 그나마 쉽지만 크고 작은 어종들과 새우, 게 등 타 분류군과의 혼획으로 인하여, 선별 포획하는 작업 과정에서 물고기의 피부가 벗겨지거나 표피의 점액질이 대거 탈락한다. 그래서 현장에서는 살아 있다고 하지만 이미 피부와 표피의 점액질에 상처가 나서 대상이 아닌 어종들을 살려서 바다로 되돌려 보내기도 어려운 것이 사실이다. 물고기의 선도 유지 시간은 포획과정에서의 처리 시간과 근육의 피로도에 따라서 좌우되고 어획 후 생존율은 포획과정에서의 표피나 비늘 벗겨짐, 점액질 상태, 어체 표피의 상처의 유무에 따라 달라진다. 이러한 점들을 고려하면 낚시가 역시 어류 취급에 가장 효율적인 방법이라 할 수 있고 그래서 '낚시고기가 가장 맛이 있다'는 말이 생긴 것 같다.

청어는 비늘이 쉽게
탈락하는 종이다.

트롤, 정치망, 선망 등 다양한 어법으로 잡은 어류들을 선별하고 산 채로 취급하는 것은 어려운 일이다. 물론 가을철 동해의 방어처럼 같은 크기의 동일종이 대량으로 정치망에 잡히는 경우에는 상처를 덜 내고 활어 상태로 포획, 보관하기가 수월한 경우도 있다.

그래서 살아 있는 채로 물고기들을 잡아야 하는 경우에는 어종에 따라 어구를 잘 선택하여야 한다. 오래전 얘기지만, 참조기의 양식 연구를 위해서 전남 해남군 연안의 정치망에서 매일 새벽 손바닥만 한 참조기를 산 채로 잡아 소형 가두리에 넣고 살리려고 한 적이 있었다. 어두운 새벽, 정치망으로 나가 양쪽 그물 통을 들어서 작업선의 물 칸에 쏟아 넣으면 피부가 약한 참조기는 붕장어, 잿방어, 방어, 덕대, 양태 등과 함께 좁은 그물 통에서 서로 부딪힌다. 그 과정에서 피부(비늘)가 벗겨져서 연안의 가두리에서 일주일 사이에 거의 80% 이상이 죽거나 피부병에 걸려서 장기간 생존이 어려운 때가 있었다. 90년대 초 한국해양과학기술원에서 최초로 시도한 참조기 종묘생산 연구에서 가장 어려웠던 과정이 자연에서의 참조기를 산 채로 잡아서 경남 통영시 연안의 시험가두리로 운반하는 것이었다. 당시 최종 생존율은 10%가 채 되지 않았던 기억이 있다(물론 그렇게 수집한 참조기를 가두리에서 일 년 키워서 수정란을 받아 종묘생산은 성공했다). 참조기 양식 연구에서 경제성이 문제가 되었던 것은 이같이 자연산 어미를 확보하기가 어려웠다는

참조기 역시 취급 시
비늘이 쉽게 탈락한다.

것이다. 수정란으로부터 부화한 새끼는 해상 가두리에서 1년 성장한 크기가 약 20cm 전후에 달하는데, 이 같은 늦은 성장 속도가 양식 대상어로 개발하기에 걸림돌이 되었던 기억이 있다.

해역의 수온, 먹이효율, 시장 가격 등의 조건이 맞아야 양식 대상어종으로 개발이 가능하지만 취급과 운반이 어렵지 않은 종들은 산업화하기에 더욱 용이하다. 현재, 우리나라에서 양식생산량 1, 2위를 차지하고 있는 넙치(광어)와 조피볼락(우럭)은 80년대 중반부터 종묘생산 기술이 개발된 까닭도 있겠지만 생산 작업 과정에서 높은 생존율을 보이는 점, 우리나라 연안 수온 환경에서도 다른 어종에 비하여 성장이 좋아 국내 활어시장에서의 경제성이 확보된 점 등으로 양식종의 인기를 꾸준히 누리고 있다.

수압 차이로 인한 부레의 팽창 문제도 깊은 수심대의 물고기를 잡아서 살릴 때 문제가 된다. 깊은 수심에서 낚시로 갓 잡아 올린 참돔, 볼락, 불볼락은 갑자기 얕은 곳으로 올라오면서 팽창한 부레로 인하여 물에 넣어도 뒤집혀서 뜬다. 볼락, 불볼락, 조피볼락

깊은 바다에서 올라온
볼락류의 위 돌출 현상

등은 입에서 풍선같이 생긴 주머니가 앞으로 튀어나오는데, 이는 몸속 부레의 팽창으로 인하여 위가 앞으로 밀려 뒤집혀 튀어나온 것이다(부레와 기도가 분리된 '무관표 어류'들은 식도와 부레가 분리되어 있으므로 부레가 팽창한다 해도 입으로 나올 수는 없는 구조이다). 이때 항문 쪽으로 가는 관을 넣어서 부레의 공기를 빼내어 주면, 몸을 바로 세울 수 있으며 일정 기간 수조에 살려서 보관도 가능하다.

수중세계에 살고 있는 어류를 지상으로 가져 나오는 물리적인 작업 과정에서 생기는 상처 외에도 공기 중에 노출되는 시간의 스트레스, 수온, 수질 등 환경변화의 다양한 요인에 의해서 생존율이 낮아진다. 가능한 한 어류가 스트레스를 적게 받는 어구어법과 작업 과정에 대한 이해와 기술이 필요하다.

어류를 잡는 과정과 같이 연안으로 돌려보내는 방생, 방류 작업도 마찬가지의 위험을 안고 있다. 서식 조건이 맞지 않는 해역에 어류를 방생한다든지 또는 아직 충분한 자신의 유영력과 포식자를 피하는 힘이 없는 너무 어린 고기(치어)들을 먹잇감을 노리는 종들이 득실거리는 자연에 방생한다든지 하는 무지함(?)으로 인해 방류하는 어린 고기들이 새로운 수중환경에서 적응하지 못하는 예도 종종 있다.

'참' 자가 붙은 어종들

물고기에도 진짜고기와 가짜고기가 따로 있을까? 우리나라 어종들 중에서는 '참' 자가 붙은 어종들이 있다. 바다 어류로는 참돔, 참다랑어, 참홍어가 대표적인 어종이다. 이렇듯 맛, 생김새 등에 따라 물고기 이름에 '참' 자나 '가', '개'와 같은 접두사가 붙어 있다. 돔 중에서 으뜸인 돔을 참돔, 다랑어 중에서 가장 고급 종은 참다랑어, 홍어류 중에서 가장 고급은 참홍어라 부른다.

표준명과는 달리 어시장에서 나름대로 '참'과 '개'로 나뉘어 불리기도 하는데 가장 대표적인 것이 숭어다. 참숭어, 개숭어의 '참'과 '개'란 진짜와 가짜의 뜻이 아니고 맛이 있고 없음을 구분하여 오래전부터 내려오는 이름이다.

숭어와 가숭어

조용한 바다에서 은빛 햇살을 받아 반짝이며 수면 위로 뛰어오

숭어는 서해안에서 개숭어라고 불린다.

표준명 가숭어는 서해안에서 참숭어라 부른다.
숭어보다 맛이 좋아 횟집 수족관에서 흔히 볼 수 있는 종이 되었다.

르는 숭어는 멋진 점프 선수이다. 지방마다 다양한 이름이 있는데 서울, 경기지방을 비롯한 서해안에서는 가숭어(*Chelon haematocheila*)란 표준명보다 '참숭어'로 알려져 있고 표준명 숭어(*Mugil cephalus*)는 '개숭어'로 불린다. 숭어는 가숭어보다 맛이 덜하기 때문에 어민들은 가숭어를 예부터 참숭어로 부르고 있는 것이다. 이 두 종은 얼핏 보면 생김새가 비슷하지만 숭어의 눈에 있는 기름눈꺼풀이 가숭어에는 없거나 있어도 흔적뿐이어서 쉽게 구별할 수 있다. 숭어의 눈꺼풀은 늦여름부터 차츰 커지기 시작하여 겨울에는 거의 눈 전체를 덮어 흡사 맹목어(盲目魚)처럼 보인다. 서해안 가숭어는 5~6월경에 산란하며, 연안과 강 하구를 돌아다니면서 바닥의 펄이나 규조를 긁어 먹거나 갯지렁이, 새우 등을 먹고 산다. 크기는 60~80cm 정도이며 최근에 인공종묘 생산기술 등 양식 기술이 발달하여 바다 가두리나 연안의 못에서 키워서 서해안은 물론 남해안에서도 횟감으로 팔고 있다.

참돔

몸은 선홍빛 바탕에 코발트빛 점들이 흩어져 있는 매우 아름다운 자태의 참돔은 '바다의 여왕', '바다의 왕자'란 별명을 갖고 있다. '썩어도 돔'이란 말이 있을 정도로 맛도 좋다. 참돔은 그 아름다운 색과 잘생긴 맵시, 훌륭한 맛으로 인해 옛 선조들로부터 '참'자를 얻어 참돔, 참도미, 진도미어로 불려 왔고 제사상에도 빠지지 않는 귀한 물고기이기도 하다. 제주도에서는 황돔이라 부르고 있다.

참돔은 도미과 어종 중에서 최고란 뜻으로 이름이 붙여졌다.

참홍어는 홍어(간재미)와 주둥이, 체반의 형태로도 구분된다.

참홍어

우리나라 전통 음식엔 발효시킨 것들이 많은데 신선한 생선을 짚더미 속에 던져 넣어 두었다가 적당히 발효시킨 '삭힌 홍어'는 우리나라의 전통 발효 수산물 중 최고라 하겠다. 볏 짚단, 장독의 육상 조건과 바닷물고기가 어울려 만들어 낸 최고의 화합 먹거리이다. 흔히 홍어라 불리는 참홍어를 삭히면 발효하는 과정에서 톡 쏘는 암모니아성 냄새가 발생한다. 이렇게 독특한 맛을 갖게 된 삭힌 홍어를 막걸리를 곁들여 먹는 '홍탁'과 돼지 편육, 묵은 김치를 함께 먹는 '삼합'은 전라도 지방 전통음식이다. 전남 지방에서는 혼례식 잔치음식으로 '홍어무침'을 빠뜨리지 않는다. 최근에는 연안 자원부족으로 인도양산이나 남미 칠레산 홍어류가 수입되어 귀한 국내산 참홍어를 대신하고 있다.

참다랑어

참치 횟집에서 참치 또는 혼마구로(일본 이름)로 불리는 종의 표준명은 '참다랑어'이다. 일본에서는 이 종은 피부색이 검어 검은 다랑어란 뜻으로 '쿠로마구로(クロマグロ)' 또는 맛이 좋은 최고급 다랑어라 하여 '진짜 다랑어'란 뜻의 '혼마구로(ホンマグロ)'란 이름을 갖고 있다. 영어권에서는 블루핀 튜나(bluefin tuna)로 부른다.

살은 붉은색을 띠며 횟감으로 인기가 최고인데 겨울에 특히 맛이 있다. 맛은 부위별로 다른데 기름이 찬 뱃살(Toro)은 참치 횟감 중에서는 최고급 부위로 취급되고 있다. 몸길이는 3m, 체중은 450kg에 이르는 대형어이다. 최근에는 일본, 지중해 연안국, 미국,

멕시코 등지에서 일시적인 축양 기술을 이용한 양식이 이루어지고 있으며 일부 나라에선 알에서 새끼를 부화시켜 양식하는 완전양식 기술이 개발되어 향후 대량 생산체제를 꿈꾸고 있다.

대양을 빠른 속도로 유영하기 위해서는 매끄러운 몸이 필수적인데 이 종은 등 쪽 일부에만 작고 둥근 비늘이 있고 몸 전체는 마치 돌고래처럼 매끄럽다. 가슴지느러미, 배지느러미와 제1등지느러미는 몸통의 홈 속에 붙이거나 들어갈 수 있도록 진화하여 빠른 속도로 달릴 때의 마찰력을 최소화한다. 이 종은 태평양 온대 해역에 서식하는 다랑어류 중에서 차가운 바다를 가장 좋아하는 종이다. 봄이면 제주도 남방 해역으로부터 서서히 북상하기 시작하여 남해를 거쳐 여름철에는 일본 홋카이도, 사할린 연안까지 올라간다. 일부는 태평양을 건너 미국 알래스카 연안에서 멕시코 서부 연안에까지 출현한다. 표지를 단 추적 조사에서 북서 태평양의 참다랑어가 미국 캘리포니아 연안에서 확인됨에 따라 이 종은 태평양을 가로질러 약 18,000km가 넘는 긴 회유 경로를 가지는 것으로 밝혀졌다. 표층성 회유어로 알려져 있지만 수심 200m까지 내려가기도 한다. 참다랑어는 다른 다랑어류에 비하여 작은 눈과 작은 가슴지느러미가 특징인데 황다랑어, 백다랑어, 날개다랑어는 가슴지느러미가 이 종보다 훨씬 크고 길다. 주야간 계속해서 헤엄치면서 이동하며 다른 다랑어와 마찬가지로 입을 조금 벌린 채 바닷물을 들이켜 아가미를 거치게 하여 호흡을 한다. 이러한 호흡 방법 때문에 이 종은 헤엄을 멈추면 질식해 죽어 버린다. 살아 있는 동안은 호흡을 위해서라도 계속 움직여야 하는 슬픈(?) 운명을 가진 물고기이다.

참치 낚싯배

모 방송사의 다큐멘터리 제작의 일환으로 팔라우에서 황다랑어 낚시선박을 탄 적이 있다. 어장에 도착하면 살아 있는 멸치를 배 주위에 뿌리고 물을 샤워기처럼 흩뿌려서 마치 멸치 떼가 수면에서 와글와글하는 듯한 형상을 연출하여 다랑어 어군을 유혹한다. 잠시 후 다랑어 떼가 배 주위에 몰려 빙글빙글 돌면 어부들이 가짜 깃털이 달린 루어낚시를 단 낚싯대로 다랑어를 낚아 올리게 된다. 다랑어 떼 외곽에는 길이가 4~5m에 달하는 상어들이 상처를 입고 떨어지는 다랑어를 노리고 서성거리고 있었다. 최고의 횟감으로 인기가 높은 '참치 낚시'는 열대 바다에서 절제된 어획으로 꾸준히 지속되고 있었다.

멸치 새끼와 분수로 다랑어를 유혹하여 배 주위에 모은다.

배 주위에 다랑어가 몰려들면, 선원들은 낚싯대로 낚아
올리기만 하면 된다.(팔라우, 1995)

모든 새끼는 귀엽다

육상동물이나 수중동물이나 모든 새끼들은 귀엽다. 우리 주위의 강아지, 고양이 새끼는 물론이고, 어미는 예쁘지도 않고 둔하게 생겼지만 돼지 새끼도 귀엽다. 어미 닭 뒤를 줄지어 따라다니는 노랑 병아리들도 귀엽다. 내가 지금까지 만난 어류들 중에서 '못생긴 어미, 귀여운 새끼'로 기억하는 종들이 많다. 어미와는 전혀 다른 체형, 체색, 무늬로 완전히 다른 어종처럼 보이는 새끼들도 많다. 특히, 어미의 생김새가 험상궂은 종의 새끼를 만나면 더욱 귀엽게 느껴진다. 지금까지 가장 인상에 남았던 아귀, 혹돔, 쑤기미의 어미와 새끼를 소개한다.

아귀

아귀는 입이 큰 고기라서 아구, 아귀란 이름이 붙여졌다. 아마 어시장에서 만날 수 있는 생선 중 입이 가장 크고 인상도 험상궂은 바닷물고기일 것이다. 서양에서는 아귀가 코 앞에 난 돌기를 낚시처럼 사용하여 작은 물고기들을 유인하여 잡아먹는다 하여 '낚시꾼(angler)'이나 험상궂은 얼굴 때문에 '바다악마(sea devil)'라 부르기도 한다. '물텀벙'이란 이름도 있는데 인천, 경기지방에서 몸이 물렁물렁하고 수분이 많은 고기라는 뜻으로, 또는 가치 없는 고기라서 잡히는 대로 바다에 '텀벙' 하고 내던졌다 해서 붙여진 것으로 알려져 있다. 물텀벙이란 이름처럼 아귀의 몸은 약 80%가 수분으로 되어 있고 지방이 매우 적은 것이 특징이다.

아귀의 새끼는 표층에 떠서 일정 기간을 지내는데 어린 시기의 아귀는 투명한 몸에 가는 실 같은 긴 지느러미 줄기들을 가지고 나풀나풀 헤엄친다. 그 생김새나 이미지는 강하고 못생긴 어미와는 달리 매우 귀엽고 환상적인 분위기를 자아낸다.

아귀는 남해, 서해 남부, 제주도, 일본 홋카이도 이남, 동중국해의 수심 250m까지의 깊은 바다에서 살고 있으며 겨울철에는 제주도 남쪽의 수심 깊은 바다에서 겨울을 난다. 몸은 바닥에 살기에 적합하게 아래위로 납작하다. 입은 몹시 크며 아래턱이 위턱보다 길고 입 속은 검은 색이다. 등지느러미 맨 앞 가시는 가늘고 길며 끝에 납작한 돌기가 달려 있는 먹이 유인장치로 변형되어 있다.

아귀는 1.5m까지 자라고 큰 입으로 멸치, 까나리, 붕장어, 조기 등 어류나 오징어류 외에 성게, 갯지렁이류, 해면류, 불가사리 등을 닥치는 대로 잡아먹고 사는 먹성이 아주 좋은 물고기이다. 바닥의 펄 속에 몸을 반쯤 묻고서 눈 위에 유인장치가 달린 낚싯대 모양의 안테나를 흔들어 작은 고기들을 유인하여 한입에 삼켜 버

수면 가까이에 떠다니는
황아귀 새끼(경남 통영)

어린 황아귀는 커다란
날개를 가진 천사처럼
예쁘다.

황아귀는 바닥에
붙어서 사는 종답게
거무튀튀하고 입가에는
지저분한 육질돌기들이
나 있다.

리는 뛰어난 사냥꾼이기도 하다. 알은 한천질에 쌓인 띠 모양으로 표층을 떠다니며 부화한다.

우리 바다에는 아귀와 형태가 매우 유사한 황아귀가 함께 서식하고 있다.

흑돔

흑돔은 우리나라 남해, 동해안에서 흔히 볼 수 있는 놀래기과에 속하는 종이다. 이름에는 돔 자가 붙었지만 대형 놀래기라고 표현하는 것이 맞을 듯하다. 우리나라에 서식하는 놀래기류 중에서 덩치가 가장 크고 열대 바다의 나폴레옹피시처럼 덩치는 커도 분류학적으로는 놀래기과에 속한다.

혹돔 새끼(15cm)

혹돔은 몸길이가 1m 정도까지 자라며 몸은 좌우로 납작한 긴 타원형으로 등은 붉은 빛이 강하다. 양턱에는 굵고 강한 송곳니가 듬성듬성 발달하여 소라, 고둥 등 단단한 먹이를 부수어 먹는다. 낮에 활동하다가 밤이면 바위틈이나 굴속에서 잠을 잔다. 우리나라 남해, 제주도와 동해, 일본 남부, 중국 남부의 온대, 아열대 해역의 암반지대에 살고 있다. 이 종의 수컷은 머리 위에 야구공만 한 혹이 튀어나와 있는데 이 때문에 혹돔이란 이름이 붙었다. 큰 혹을 달고 작은 눈을 굴리는 혹돔을 물속에서 만나면 못생겼다는 생각이 먼저 든다. 하지만 머리의 혹과 두툼한 턱의 엉성한 이빨로 못생긴 어미와는 달리 손바닥 크기의 어린 혹돔은 약한 선홍색이 짙은 체색에 몸 옆면 중앙에 흰색 세로띠를 갖고 등과 뒷지느러미 위에 검은 점이 있어 수중에서 보면 매우 예쁘다. 물론 체측의 흰 선과 지느러미 위의 검은 반점은 성장하면서 점차 사라지고 체색도 점차 옅어져서 귀여운 어린 고기의 모습은 변하고 만다.

쑤기미

쑤기미는 우리 바다 물고기 중에서 생김새가 험상궂고 못생긴 종으로 손꼽힌다. 암반에 웅크리고 앉아 지내는 이 종의 어미는 머리에 난 돌기들로 울퉁불퉁한 모습이다. 입은 크고 위쪽으로 향하며 입 주위에는 지저분해 보이는 크고 작은 돌기들이 발달한다. 체색은 흑갈색, 유백색, 노란색, 붉은색 등 매우 다양하다. 몸길이는 25cm 전후이다. 우리나라 남해, 서해, 일본 혼슈, 동중국해, 남중국해의 연안에서 200m 수심 범위에 살며 어미는 펄 바닥이나 바위

틈에 가만히 앉아서 지낸다. 알에서 부화한 후 어린 새끼는 성장하면서 일정 기간 천사의 날개와 같이 커다란 가슴지느러미를 갖고 있다. 부유 생활을 하는 이 시기의 쑤기미는 몸이 투명하고 어미와는 전혀 다른 예쁜 형태를 가진다.

그 외에도 돌돔, 거북복 등도 어린 시기에는 어미와 달리 화려한 몸색과 무늬, 점 등을 가지고 있다.

이들 종들은 모두 어미 생김새를 갖게 되리라고는 전혀 상상하기 어려운 어린 시기를 보내며, 역시 새끼 때는 모두 예쁘다는 얘기가 들어맞는 어종들이다.

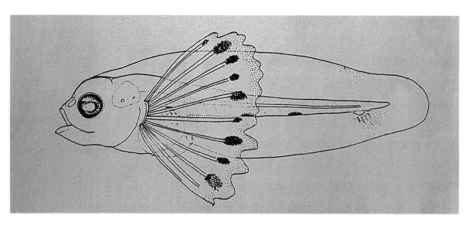

부채처럼 커다란
가슴지느러미를 가진
쑤기미 새끼 그림(전장
5.5mm)

우리나라 물고기 중
가장 독이 강한 쑤기미는
그 생김새도 험상궂기로
일등이다.

독을 가진 어류들

　우리나라 바다에서 만날 수 있는 위험한 물고기에는 어떤 것들이 있을까? 온대 바다는 열대 바다보다 위험한 해양생물종이 상대적으로 적은 편이다. 그래서 우리 바다에서 만날 수 있는 위험한 해양생물종들에 대한 정보는 그다지 많이 알려지지 않았다. 열대 바다에선 사람의 생명을 앗아가기도 하는 치명적인 가시 독을 가진 돌고기(stone fish)나 늘 조심해야 하는 상어류 등에 대한 사례들이 많이 보고되어 있다.

　우리나라에서는 중독 사례가 종종 보고되는 복어나 흔하지 않지만 상어에게 물리는 사건들이 일반인들이 접하는 뉴스일 것이다. 그러나 잠수작업을 하는 다이버들, 연안에서 낚시를 즐기는 이들, 어업인들은 이보다 많은 종에 대한 정보가 필요하다. 우리 바다에도 독침을 가지거나 몸에 독을 가지고 있는 종이 의외로 많다. 몸에 독을 가진 복어 외에 취급에 주의해야 하는 가시 독을 가진 물고기로는 쑤기미, 쏠배감펭, 노랑가오리, 미역치, 독가시치,

쏠종개 외에 볼락류, 쏨뱅이 등이 있다.

쑤기미

우리 바다 물고기 중에서 생김새가 험상궂고 맹독을 가지고 있어 가장 조심해야 할 고기가 쑤기미이다. 지느러미 가시에 찔리면 병원 신세를 져야 할 정도로 아주 강한 독을 가지고 있어 물속에서나 물 밖에서나 항상 취급에 조심해야 하는 무서운 물고기이다. 어시장에선 아예 독을 가진 지느러미 가시를 잘라 버리고 팔고 있다. 주로 바위틈이나 바위 위에 앉아 지내며 이동할 때도 행동이 느릿느릿하다.

등지느러미 가시를 펴고 경계하는 쑤기미(위)와 등지느러미 독 가시(아래)

이 무서운 독 때문에 지역에 따라서 '쐐치', '범치'라 부른다. 한 여름에 암컷 한 마리와 2~3마리의 수컷이 만나 알을 낳는다. 새우, 게, 어류 등을 먹는 육식성이다. 가시에 강한 독으로 위험한 종이지만, 살은 희고 맛이 좋아서 찜, 탕 등 요리용 고급 어종으로 취급되고 있고 미식가들에게 인기가 높다.

복섬

복섬은 몸길이가 10~15cm로 우리나라 복어 중에서는 몸집이 가장 작으며 지역에 따라 졸복, 쫄복으로 부르기도 한다. 등은 암청색이고 작은 흰색점이 흩어져 있다. 가슴지느러미 부근 등 쪽에 1개의 검은 점을 가지며 배는 희다. 등과 배에는 작은 가시들이 있어 까칠까칠하다. 연안에 가장 흔한 종으로 여름철에 활발히 먹이 활동을 한다. 우리나라 전 연안, 일본 홋카이도 이남, 중국에 분포한다. 난소, 간 등의 내장기관과 껍질에 매우 강한 독을 가지고 있지만, 남해안에서는 복국 요리 재료로 사용한다. 전문 요리사가 요리를 해야 하는 종이다.

쏠배감펭

대마난류의 영향권에 있는 해역에서 서식하는 열대 어종이다. 제주도 수중에서 종종 만날 수 있는 종으로 커다랗고 화려한 가슴지느러미와 등, 뒷지느러미가 특징이다. 옅은 분홍색을 띤 바탕에 많은 갈색 가로 띠를 갖고 있고 수중에서는 나비처럼 보인다. 크

산호 위에 있는 화려한 쏠배감펭도 지느러미 가시에 독을 가진 종이다.

기는 30cm 전후이다. 지느러미에 강한 독성이 있다. 독을 가진 커
다란 지느러미는 물속에서 적으로부터 자신을 방어하거나 먹이가
되는 작은 물고기를 한쪽으로 몰 때 사용한다. 먹잇감을 구석으로
몰고, 독성이 있는 가시로 찔러서 기절시킨 후 먹기도 한다. 우리
나라 남해, 제주도, 일본 남부, 대만, 필리핀, 인도네시아, 호주 북
부 등지에 분포한다.

미역치

미역치는 남해안, 동해, 울릉도 독도 연안에 서식하는 전장이
7~10cm인 소형 독어이다. 남해안에서는 쐐치, 쌔치라 부르기도
한다. 몸은 주황색 바탕에 얼룩과 같은 화려한 흑·갈색 무늬들이

독버섯같이 화려한 색을 가진 미역치는 몸집은 작지만
지느러미 가시에 독이 있다.

몸집은 작지만 매우 강한 독을 갖고 있는 복섬

흩어져 있고 눈은 투명한 붉은색이다. 연안에서 흔히 만날 수 있지만 등, 뒷지느러미 가시에 독을 지니고 있어 지느러미 가시에 찔리지 않도록 조심하여야 한다. 특히 이 종은 갯지렁이, 새우류 등 다양한 먹이를 탐식하는 육식성 어종으로 연안에서 낚시를 할 때 자주 만난다. 이 종을 잘 모르는 낚시인들이 종종 쏘이곤 한다. 쑤기미보다는 독성이 약하지만 독에 대한 반응은 사람마다 다르다. 통증을 많이 느끼는 이들은 몇 시간씩 고통스러워하기도 한다.

노랑가오리

노랑가오리의 몸은 오각형으로 등은 옅은 황갈색이며 배는 희고 가장자리가 붉다. 크기는 최대 2m에 달한다. 이 종은 독이 있는

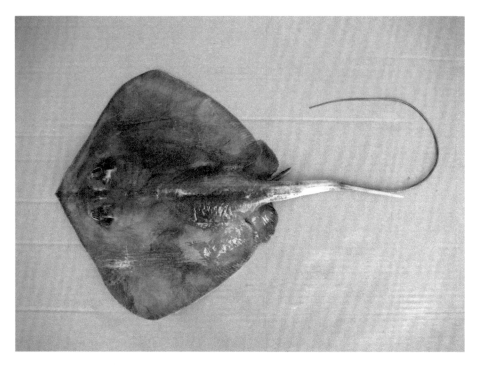

노랑가오리는 꼬리에 강한 톱니형 독가시를 가지고 있다.

강한 가시를 꼬리 등쪽 위에 가지고 있다. 이 독가시는 양쪽 가장자리에 작은 톱니형으로 발달하며 평소에는 뒤로 누워 있지만 위험을 느끼면 가시를 세워 자신을 방어한다. 모래, 펄 바닥에 살며 작은 어류, 갑각류를 먹는다. 난생이며 산란기는 여름철로 5~10마리의 새끼를 낳는다. 우리나라와 대만, 호주 북부, 피지 등 서태평양에 분포한다. 살은 달고 맛있어 횟감, 건어물로 이용한다. 나는 오래전 전남 해남에서 참조기를 연구할 때 정치망에 잡히는 손바닥만 한 노랑가오리를 썰어서 매운 고추와 조선된장에 찍어 먹었던 맛을 잊지 못하고 있다.

어류의 눈빛이 말해 주는
생태와 성격

보면 볼수록 귀엽고 사랑스러운 어류가 있는가 하면, 보기만 해도 섬뜩한 느낌이 드는 종들도 있다. 미역치, 쑤기미, 복어, 상어와 같이 독침이나 몸에 독을 가진 물고기나 강한 이빨을 가진 포식자들은 수중에서의 눈빛 역시 남다르다.

미역치나 깊은 수심층에 사는 뿔돔 등 깊이를 모를 눈동자나 무표정하게 둥글고 검은 상어의 눈은 마주치기가 싫을 정도로, 보기만 해도 섬뜩한 느낌을 받는다. 사람이 물고기들의 눈동자를 볼 때 느끼는 감정은 그들의 서식 생태와 어쩌면 그렇게 잘 맞을까? 홍채가 없이 거의 전체가 검은색 물감을 칠한 것 같은 백상어의 눈동자를 보면 마치 공포영화의 지옥에서 나온 죽음의 사자와 같은 느낌이 든다. 물속의 다른 어류들도 상어를 만나면 그런 느낌을 받을까? 사람이 몇몇 어류들의 눈에서 받는 느낌이 그 종의 성격, 식성 등과 일치하는 것을 보면 첫인상과 그들의 생태가 크게 다르지 않음을 알 수 있다.

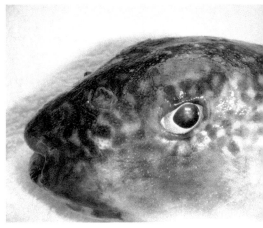

독가시를 가진 쑤기미는 인상만큼 눈빛도 사납다.
동글동글하지만 어딘지 모르게 독을 가진 듯한 복어 눈(검복)

강한 육식성을 감추지 못하는 달고기의 눈빛

우리나라 남해나 동해에 매우 흔한 미역치는 크기가 7~10cm에 불과하지만 지느러미 가시에 강한 독을 갖고 있어 수영, 잠수, 낚시, 어업 등 활동을 할 때 매우 조심해야 하는 종이다. 심해에서 사는 어종들이 빛을 많이 받아들이기 위해서 망막 뒤쪽에 빛을 반사하는 거울 같은 광판(휘판. tapetum lucidum) 구조 때문에 갖게 되는 눈빛(투명하고 빛나는 눈동자)을 지니고 있는데, 미역치는 얕은 연안 어종인데도 그런 눈빛을 보인다. 연안의 암반 위에 앉아 있는 미역치의 그런 눈빛을 마주하게 되면 '아, 이 종은 몸 어딘가에 독을 품고 있구나' 하는 느낌이 든다. 또한 백상어를 포함한 상어의 눈동자를 보면 육식성이 매우 강한 포식자임을 느끼게 된다.

반면, 강에 사는 붕어처럼 순수하고 또 만나보고 싶기까지 한 눈동자를 가진 어류도 있다. 연안에서 흔히 만날 수 있는 망상어, 뱅에돔, 볼락 정도면 눈이 마주칠 때 귀엽고 아름답다는 생각까지 들 것이다.

망상어

연안에 흔한 망상어는 새끼를 낳는 태생어로 알려져 있는 종으로 아름답고 순한 이미지를 가지고 있다. 강한 가시나 억센 비늘은 없이 둥근 계란형의 체형에 부드러운 비늘, 연지를 바른 듯한 붉고 도톰한 작은 입, 그 입 가장자리의 검은 애교점(?)들과 맑게 빛나는 검은 눈동자는 순한 성격의 물고기임을 느끼게 하기에 충분하다.

벵에돔

영어권에서 오팔 아이(opal eye)라 부를 정도로 '눈이 예쁜 고기'로 소문이 나 있다. 모가 난 곳 없이 동글납작한 체형에 푸른빛(보석의 일종인 오팔의 색)의 눈빛이 녹청색 몸 색과 잘 어울려서 예쁜 느낌이 절로 드는 종이다. 개인적으로 이 종은 어릴 적부터 낚시로 잡기도 하면서 매우 친숙한 물고기이다.

오팔 아이라는 영어 이름에 걸맞게 눈매가 아름다운 벵에돔은
겨울철에 해조를 갉아 먹고 산다.

오래전에 어류의 눈동자 전시회를 근무처인 해양과학기술원의 식당에서 연 적이 있다. 오랫동안 출장을 다니면서 어시장이나 수중에서 찍은 물고기 사진과 클로즈업한 눈의 사진을 패널에 붙이

한국해양과학기술원 직원들로부터 가장 아름다운 눈을 가진 물고기로 뽑힌 돛양태는
모래 위에서 작은 동물성 먹이들을 먹고 산다.

고서 직원들에게 가장 예쁜 눈동자에 스티커를 붙여보라 했는데,
당시 1위는 돛양태가 차지했다. 내가 현장에서 느꼈던 아름다움이
사진으로 잘 표현이 안 돼서 그런지 생각지도 않은 어종이 1위가
되었던 것 같기도 하다. 어쨌든 물고기마다 인상이 다르고, 특히
눈을 보며 우리들이 느끼는 감정들이 다름을 입증해 주었던 전시
회였다(물고기 눈동자 전시회는 그 후, 서울 강남에 위치한 삼성수족관에서
도 요청이 와서 한동안 개최되었다). 그 후에도 나는 수중조사나 수족
관, 어시장에서 많은 물고기들을 만나고 사진을 찍으면서 물고기
에도 관상이 있다는 것을 느꼈다. 이는 마치 육상동물 중 사자나
호랑이의 눈을 볼 때 느끼는 위압감과 큰 눈에 긴 눈썹을 가진 기

린이나 사슴의 눈을 보면서 느끼는 감정이 다른 것과도 같다. 또, 강한 포식자라 하지만 어딘가 비겁하고 남의 습득물을 빼앗아 먹는 습관을 하이에나의 외형에서 느끼는 것과도 유사한 맥락의 감정이라 생각한다.

2장
바다가 우리에게 말해 주는 것

어류의 출현과 화석종

물고기가 나타난 것은 지금으로부터 약 4억 6천만 년 전 고생대였으며 당시 원시 어류인 갑피류(甲皮類, Ostracoderms)는 머리와 몸이 갑으로 덮여 있으며 턱이 없고 느릿느릿 바닥을 헤엄쳐 다녔다 한다. 잘 발달된 눈과 입, 지느러미를 갖춘 경골어류는 약 4억 년 전에 출현하였다. 4억 년 전에서 3.5억 년 전까지 지구상에 많은 어류들이 출현하였고 이 시기를 물고기의 시대(age of fishes)라 부르기도 한다. 그 후 몇억 년이 지나는 동안 분화와 멸종을 거듭하면서 지금의 물고기와 같은 종들이 바다에 살게 된 것이다.

오래전 바다에서 살았고, 지금은 대부분 멸종한 무리 중에서 지금까지 살아남은 종을 화석종이라 부른다. 형태가 거의 변하지 않고 살아온 상어도 큰 범위에서는 화석종에 속한다고 할 수 있다. 즉, 화석종이란 땅속의 화석에서나 볼 수 있는 원시종 중에서 아직도 지구상 어딘가에서 그 형태를 그대로 유지하여 살고 있는 종을 말한다. 공기 호흡으로 유명한 폐어류, 자루가 달린 지느러미 형태

철갑상어(약 1억여 년 전에 출현한 화석어종)

로 한때 육상동물로의 진화의 고리로 생각했던 실라칸스(*Latimeria chalumunae*)가 대표적이다. 어류가 처음 출현한 고생대 데본기에 나타나 번성했던 종들은 대부분 멸종하였으나 폐어류 몇 종과 바다로 내려가 살아남은 실라칸스가 현존하고 있는 것이다. 이런 물고기 외에도 투구게, 암모나이트 등이 화석종으로 알려져 있다.

3억 년 전 고생대 후기 데본기에 담수계에서는 현존하는 폐어류와 거의 유사한 종(*Dipneusti*)이 살고 있었다. 이 종은 잘 발달된 허파를 가지고 있어서 공기 중에서 호흡이 가능했다. 가뭄이 계속되면 땅속에 들어가 허파로 호흡하면서 비가 올 때까지 살아남기에 적합한 적응이었다고 생각된다. 지금은 아프리카, 호주 대륙 및 남아메리카 대륙 등 남반구의 대륙 담수계에서만 발견되고 있다. 데본기에 출현했던 원시 어류인 총기류는 약 7,000만 년 전인 백악기(Cretaceous)에서 신생대 제3기 초기(Palaeozoic)에 걸쳐 멸종하였는데, 그중 한 종인 실라칸스는 현재까지 바다에서 생존하고 있다.

1938년 12월 남아프리카의 칼룸(Chalumna)강 하구 부근에서 처음으로 채포되었는데, 당시 포획된 개체는 몸길이 1.5m, 체중 57.6kg이었다. 1952년에 아프리카 동해안과 마다가스카르섬 사이 해역에서 채포된 적이 있고 그 후 인도네시아에서도 채집된 적이 있는 이 종은 현재까지 생존하고 있음이 확인되었다.

실라칸스는 몸통이 둥글고 통통한 편이고, 몸길이가 1~1.5m, 몸무게가 50~75kg의 큰 몸집을 갖고 있으며, 전체적으로 어두운 청색 또는 갈색을 띤다. 몸 표면에는 많은 점액을 내고 있어 미끄러우며 비늘은 이들 종 특유의 코스민(cosmoid) 비늘을 갖고 있다. 지느러미는 대부분 자루모양의 짧은 관절 위에 발달해 있어 큰 각도로 움직일 수 있으며 강한 등지느러미는 속이 비어 있는 연골에 의하여 지지되어 있다. 이 종은 처음 잡혔을 때 자루형 지느러미 모양 때문에 바다에서 육상생활로 전환하기 위한 네 발 달린 동물(사지동물)로의 진화 중간 단계로 생각되어 학계에 큰 반응을 일으켰다(그 후, 현세에도 초기와 같은 형태의 지느러미를 가지고 살고 있고 그 이상 변형된 형태의 개체가 발견되고 있지 않아서 바다에 사는 물고기가 육상으로 옮겨가기 위한 다리의 초기 형태라고 생각하기에는 무리가 있다는 해석들이 나왔다).

캐비어로 유명한 철갑상어도 약 1억 년 전(백악기)에 출현하여 현재까지 생존해 온 화석종이다.

현재, 지구상에서 살고 있는 어류는 약 34,000여 종으로 다른 척추동물인 양서류 2,500여 종, 파충류 6,000여 종, 조류 8,600여 종 및 포유류 4,500여 종에 비하면 매우 많은 종수를 갖고 있다. 개체수가 대폭 줄어든 멸종 위기종이 있는가 하면 우리 바다의 멸치,

전갱이, 밴댕이처럼 그 개체수에 있어서는 다른 종보다 많은 자원을 유지하고 있는 종들도 있다. 지구 환경의 급격한 변화가 일어나면 개체수가 크게 줄어드는 종들이 생겨나 분포 해역이 감소하거나 멸종에까지 이를지도 모른다.

우리나라 연안의 물덩이나 해류 특성을 감안하면 정착성 어종 외에 일정 계절에 우리나라의 해역을 방문하는 어종들이 많을 수밖에 없다. 한편 수심이 100m가 채 안 되는 황해에서는 황해볼락처럼 최근에 신종으로 보고된 고유종들의 독특한 서식장 특성을 보여주기도 한다. 반면에 명태, 정어리, 참조기 등의 자원이 언제부턴가 급격히 줄어든 데에는 자연 환경의 특성의 변화와 인간의 과도한 어업활동에 따른 원인들이 복잡하게 얽혀 있는 것으로 추정된다.

원시 인류가 불과 80만 년 전에 출현한 것에 비하면 지구 표면적의 약 70%를 차지하는 바다에서 몇억 년간 다른 생물들과 평형을 유지하면서 살아 온 척추동물인 물고기들이 지구상의 진정한 터줏대감인지도 모른다.

진화와 적응 사이에서

바닷속의 미세한 동물, 식물 플랑크톤은 하등한 것인가? 척추를 가지고 고도로 분화된 물고기가 수중세계에서는 가장 진화된 생명체라고 할 수 있을까? 수십억 년 전에 지구상에 출현한 단세포 생명체들은 다른 거대한 생명체의 형태로 변하지 않고 왜 아직까지 그 형태로 살아 오고 있는 걸까? 단세포 플랑크톤보다 우리는 진화(?)된 생명체인가?

기관의 분화 정도로 보면, 척추를 가진 물고기가 수중세계에서 가장 늦게 나타난 진화된 생명체임에는 틀림없다. 식물 플랑크톤, 동물 플랑크톤, 유영동물 순으로 진화가 진행되었다면 그 옛날 출현했던 간단한 생명체인 단세포 플랑크톤은 사라지고 모두 매우 복잡한 기관을 가진 식물, 동물 플랑크톤이 되어 있어야 한다. 하지만 현재의 해양 생명체들을 보면 그렇지 않다. 현미경으로나 볼 수 있는 단세포 규조류도 그들 나름대로의 생존 전략을 가지고 이 시대에 살고 있다. 즉 우리들이 진화론적 측면에서 나누고 있는 하

노무라입깃해파리

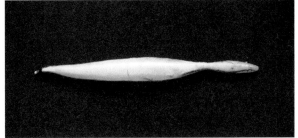

참다랑어의 유영.

바다에 구멍을 뚫고
들어가 사는 붕장어는
부레가 필요 없을 것
같지만, 긴 아령형
부레를 갖고 있다.

등한 생명체는 고등한 생명체로 분화되어 왔지만, 또 한편으로 그들 나름대로의 적응력을 키워 가면서 그 모습으로 지금도 살고 있는 것이다.

플랑크톤은 작은 몸과 돌기, 가시 등으로 체적을 넓혀 부력을 얻어서 수천 미터 깊이의 바다 표층에 떠 있을 수 있도록 적응해 살고 있다. 몸집을 키우고 다른 생명체를 잡아먹도록 진화가 된 유영동물은 플랑크톤과는 달리 부력을 얻기 위한 기관(부레)과 계속 떠 있기 위한 운동기관(꼬리, 지느러미 등)이 발달해야 했으며, 이러한 기관과 유영력을 유지하기 위해서는 계속해서 먹이를 통해 에너지를 얻어야 했다. 에너지 효율 면에서 보면 작은 몸집을 가지고 부속지 등 몸 표면을 넓히는 형태로 가볍게 수층에 떠 있을 수 있는 작은 플랑크톤들이 바다 생활에 더 잘 적응한다는 생각이 든다.

그러면 수중에서 가장 진화했다는 물고기들은 골격의 측면에서만 간단히 연골어류에서 경골어류로 진화(?)해 왔다고 얘기할 수 있을까? 연골어류인 상어나 가오리는 정교하게 발달된 생식기(교접기)를 가지고 암컷과 수컷이 짝짓기를 통해 체내 수정을 한다. 이무리의 많은 종들이 새끼를 낳는 난태생, 태생이다. 생식기의 구조나 발달 정도만 본다면 상어, 가오리의 연골어류는 현존하는 어떤 경골어류보다 정밀하고 복잡하게 진화(분화)되었다고 볼 수 있다. 생식기 구조와 번식 전략을 보면, 연골어류는 대부분의 경골어류보다 더 분화된 번식전략을 가지고 있다. 이런 관점에서 경골어류가 연골어류보다 더 진화된 생물군이라 얘기할 수 있을까?

하늘을 날고 싶어서일까? 성대의 나비깃같은 가슴지느러미

　육상 동물로 진화해 왔던 종들 중에 다시 바다로 돌아간 고래는 어떤 과정을 거쳤을까? 육상에서 사용하던 신체 구조와 기능들이 바다 속에선 여러 가지 불편함이 있을 것이고 그래서 여러 가지 구조와 기능들을 다시 조정하고 환경에 적응해야만 했을 것이다. 체온보다 낮은 수온에 대한 적응, 허파를 사용한 공기 호흡을 위해서 주기적으로 수면 밖으로 코를 내밀어야 하는 문제, 이동 시에는 공기보다 높은 밀도를 가진 바닷물 속에서의 에너지 손실 등의 문제를 극복해야만 했었다. 고래는 체온 손실을 줄이기 위해 몸의 부피에 대해서 물과의 접촉 면적을 감소시켜야만 했다. 그러다 보니 육상 생활에서 가지고 있던 긴 팔(다리)의 형태는 점차 줄어들고 몸은 방추형(어류의 체형)으로 변한 것으로 보인다. 물론, 피부 아래 지방층이 두터워진 것도 하나의 적응 현상이다. 그래서 지금의 고래는 매끈한 원통형 몸에 물고기들이 가진 지느러미와 같은 팔과 꼬리

를 갖게 되었고 뒷다리는 퇴화되었다.

이렇듯 이유 없는 결과는 없다. 현재 고래의 생김새와 구조를 보면 그들이 바다로 들어간 이후 수계환경에 적응하며 살아남기 위한 기능과 구조들을 볼 수 있는 것이다.

육상동물이 수계생활로 전환하는 과정이나 수중 생물들의 진화과정에서 보이는 몇 가지 의문스러운 얘기들을 예로 들어 보았다. 우리 인간의 생각과 교과서에서 배우는 지식만으로 수십억 년 사

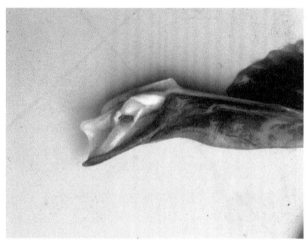

홍어 교접기(매우 복잡한 구조를 가진 생식기로 체내수정할 때 사용한다.)

홍어 수컷은 꼬리 옆에 긴 교접기(생식기)를 가진다.

이 지구에서 일어난 과정과 각 종별 지위를 이해하려고 한다면 많은 의문이 남을 것이다. 필자 역시 분화와 진화에 대한 많은 의문들을 오랫동안 마음속에 가지고서 수중세계를 탐사해 왔지만, 수억 년 이상 물속에서 살아온 해양생물들의 입장에서 다시 고찰해야 할 부분들은 어느 하나도 제대로 자신 있게 말하기가 어려운 것이 사실이다.

그래서 아직도 머리를 물속에 담그고 수중세계를 호기심 어린 눈으로 들여다보고 있다. 아직도 바닷속에는 우리에게 이러한 질문에 대한 답을 던져줄 많은 생물종들이, 오늘도 수중세계의 질서 속에서 살아가는 많은 얘기들이 남아 있다.

열 길 물속을 안다고요?

육상생활에 적응되어 있는 사람도 어느 정도의 깊은 바닷속까지 들어가는 것은 가능하다. 그러나 수심 10m마다 1기압씩 증가하는 물이란 매체 속에서는 증가하는 수압과 함께 낮아지는 수온을 견디기 위한 특수 장비가 필요하다.

바닷속을 들여다보고 싶어 했던 많은 이들 중에 프랑스의 쿠스토(J. Y. Cousteau)는 1943년에 물속에서 인간이 공기통을 사용해서 숨을 쉴 수 있는 잠수용호흡기 '아쿠아렁(aqualung)'을 고안해 내었다. 그 후 잠수관련 기기와 기술이 빠른 속도로 발달하여 지금은 공기통과 호흡기를 장착하면 수십 미터 깊이의 물속 세계를 직접 방문할 수 있게 되었다. 최근에는 공기통에 공기와 함께 적절한 혼합가스를 사용하는 기술이 발달하여 백 미터 이상의 깊은 수심대까지 장비를 메고 탐험이 가능하다.

그러나 지금까지 알려진 지구상의 바다는 너무나 넓고 깊어서 미지의 세계를 간직한 채 여전히 인류의 탐사를 기다리고 있다. 바다는 그 깊이가 깊고 부피가 커서 지구상의 산을 모두 깎아 바다를 메운다고 가정해도 수심이 3,800m에 달한다고 한다. 지구상의 가장 깊은 바다는 태평양 북마리아나 제도 동쪽에 위치한 마리아나 해구의 비티아즈 해연으로 수심이 11,034m에 달한다. 이처럼 넓고 깊은 대양의 깊은 바다는 인류에게는 아직도 대부분 미답의 세계로 남아 있다.

이렇게 깊고 넓은 바다에서 살아가는 수많은 생명체들은 각각의 다양한 환경에서 진화해 왔기 때문에 육상동물의 진화 과정과는 또 다른 독특하고 신기한 형태와 생명 현상들을 가진다. 지금까지 물고기가 살 수 있는 수심은 생리적인 한계로 인해 약 7,000~8,000m로 정도로 알려져 왔지만, 아직은 차갑고 어두운 심해 환경에서의 정밀한 생물 탐사는 남겨져 있다.

세계 각국에서 심해 탐사를 위해 개발한 잠수정들은 많은 기록을 보유하고 있다. 일본에서는 수심 11,000m까지 탐사 가능한 '가이코'란 잠수정을 개발하였으며 미국, 프랑스 등도 심해 잠수정들의 기록을 가지고 있는 잠수정 개발국이다. 1960년에는 미국인 피카르가 유인잠수정을 타고 10,916m 깊이까지 내려가는 기록을 세웠다. 우리나라에서도 6,000m 깊이까지 들어가 작업을 할 수 있는 무인잠수정, '해미래호'를 개발한 적이 있다.

인류가 아직 가 보지 못한 깊은 바다의 생태와 그곳에 사는 생명체들도 향후 우리들이 탐사하면서 밝혀야 할 부분이지만, 우리 주위의 가까운 바닷가에도 바다를 이해하는 데 필요한 독특한 생리와 생명력을 가진 해양생물도 많다. 태양이 닿지 않는 심해에서 살아가는 해양생물들뿐 아니라 연안에서도 생명유지가 불가능할

1900년대 초의 수중작업 다이버(미국 로스엔젤레스 해양박물관)

필자가 사용한 수중생태 조사용 스쿠버 장비들
(2018년 9월 대전 국립중앙과학관 전시 부스)

것 같은 서식처의 극단적인 환경에서 살고 있는 해양생물들의 생태도 매우 신비하다. 예를 들어 바닷물에 잠기지 않는 조간대 상부 바위에 사는 해양생물들은 여름철 땡볕에 40℃를 넘나드는 환경 조건에서 생존해야 한다. 갯바위에 붙어 사는 작은 총알고둥이 한 예이다. 바닷가 조그만 조수웅덩이에서 태풍과 계절별 고온, 저온 조건들을 이겨내면서 정착해 살아가는 손가락 크기의 망둥어나 고둥, 말미잘과 같은 종들도 앞바다에서 사는 종들과는 다른 생리적응 능력을 갖고 있을 것이다.

지구 역사 속 시간의 흐름에 따라 진화와 멸종, 새로운 종의 탄생을 반복해 오면서 지금의 극지 바다, 한대, 온대, 아열대, 열대 바다에서 살고 있는 해양생물들은 상상을 초월하는 다양한 생명현상을 가지고 있다.

내가 어릴 적, 서커스단이나 약장수들이 손님을 모으기 위해 '산갈치는 산을 날아다니다 숲에서 잡힌 신비로운 물고기'라며 길가에 전시한 산갈치를 본 적이 있다. 물론 지금은 해양생물에 관한 정보의 발달로 산갈치는 심해어라는 사실을 많은 사람이 알고 있다. 가끔 산갈치와 유사한 투라치, 홍투라치 등이 낚시나 연안에서 떠다니다 채집이 되면 산갈치 새끼가 아닌가 하고 설왕설래하면서 깊은 바다의 물고기에 대한 호기심으로 이야기꽃을 피우곤 한다. 동해의 4,000m 깊은 바다에 사는 생물들은 어떠할까? 깊은 동해 바다에 사는 대게, 홍게, 물렁가시배새우, 도화새우처럼 잘 알려진 종들 외에 청자갈치, 앨퉁이 등과 같은 종들에 대한 생태 연구는 아직도 많은 부분 남아 있다. 남해에서 봄이면 어김없이 몇 마리씩 잡히는 심해어종인 돗돔이나 몸의 줄무늬가 완전히 사라

'독도새우'란 별명을 얻은 물렁가시배새우

진 1m 전후의 늙은 능성어 등에 대한 학술적인 호기심도 아직은 자료가 충분치 않아서 미래의 연구과제이다. 그 밖에 표층을 회유하는 어종으로 알려진 잿방어, 부시리 등이 수심 250m까지도 내려간 영상이 공개되면서 우리 바다에 살고 있는 물고기들에 대한 생태학적 자료가 아직도 많이 부족하다는 것을 느낀다. 겨울이면 연안으로 몰려나와 알을 낳고는 사라지는 꼼치(지방명 물메기)에 대한 생활사 정보도 아직은 정확하지 않다.

이처럼 우리 바다에 서식하는 수산어종의 생태에 대해 다 알지 못한 채로 어획하는 경우도 많다. 최근 해양환경의 변화로 인해 우리 바다에서도 처음 출현하는 희귀 어종들이 자주 보이고 있어 보다 과학적인 장기 탐사와 자료 축적이 요구된다. 한 길 물속뿐 아

니라 넓은 범위의 해역 정보에 대한 과학적인 자료 축적이 바다를
정확히 이해하는 데 도움이 되리라 생각해 본다.

다양한 해양생물의 보고,
우리나라 바다

　지구는 전체 표면적 약 5억km² 중에서 약 3.6억km²가 물로 덮여 있는 물의 위성이다. 그중 50%는 태평양이 차지하고 있다. 표면적의 70%가 바다로 덮인 지구에서 대부분 생명체들의 고향은 바다이다. 지구상에 살고 있는 생물 종수는 기록된 것만 200만 종 전후이지만, 실제로는 그보다 훨씬 많은 종이 살고 있을 것이다. 단지 인간이 기록하고 이름을 붙인 종수가 그러하다는 것이다. 이 많은 종수 중 약 75%는 곤충이 차지하고 있다. 해양생물은 엄청난 종수를 가진 곤충이 서식하는 육상보다 기록적으로는 다양성이 떨어질지 모르지만, 알려지지 않은 해양생물종을 포함한다면 실제로는 엄청나게 많은 수의 생명체들이 현재 바다에 살고 있다고 생각된다.

　해양생물이 지구상에 처음 나타나기 시작한 것은 지금으로부터 약 38억 년 전쯤으로 추정하고 있다. 지구가 탄생한 후 몇억 년이 지난 뒤에야 물속에서는 원시적이지만 작은 생명체들이 타나나기 시작했다. 그후 조류, 식물, 무척추동물 등이 차례로 출현하였으며

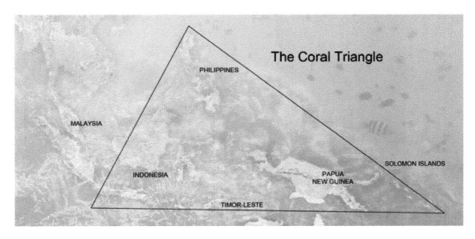

코랄 트라이앵글(www.adb.org/multimedia/coral-triangle)
세계에서 가장 다양한 해양생물들이 살고 있다는 해역이다.

4.6억 년 전쯤에 척추동물의 조상이 나타났다. 3~4억 년 전에는 물고기 조상이 출현하게 된다. 이후에도 분화와 진화를 거듭하면서 지금의 해양생물종으로 변화해 온 것이다. 지구상의 큰 환경 변화로 인한 진화, 멸종을 반복하면서 말이다.

현재, 바다에서 살고 있다고 기록된 해양생물은 지구상의 총 생물종수의 약 16%로 알려져 있다. 바다 해역 중 가장 많은 다양한 생물종들이 살고 있는 곳은 코랄 트라이앵글(coral triangle, 산호 삼각지대)로 알려져 있는 필리핀, 말레이시아, 인도네시아, 파푸아뉴기니, 솔로몬제도를 잇는 삼각형의 바다이다. 이곳에는 산호초를 형성하는 500종 이상의 산호가 서식하고 있는데 이는 전 세계에 알려진 산호 종류의 76%에 해당한다고 한다. 또, 여기에는 지구상의 산호초에서 확인되는 어종 약 37%가 서식하고 있다.

그렇다면 삼면이 바다인 우리나라 바다에 서식하는 해양생물은 과연 몇 종일까? 2007년 정부 집계(해수부)에 의하면 9,534종이 기록되었으며 이후 국가 해양수산생물종 목록집에 13,356종으로 추가 기록되었다(해수부·국립해양생물자원관, 2018). 뉴질랜드, 스페인, 미국, 이탈리아, 베네수엘라 등 여러 나라의 해양학자들이 전 세계 바다에 살고 있는 생물종의 다양성을 집계, 분석한 연구 결과가 나왔다. 그 연구 보고서에 따르면 대한민국의 바다는 32.3종/1000km²(우리 바다 면적 306,674km²에 9,900종이 살고 있음)으로 단위 면적당 전 세계에서 가장 많은 해양생물종이 서식하고 있는 바다이다(Costello et.al, 2010). 즉, 우리 바다는 면적은 좁지만 그 속에 사는 해양생물종의 다양성에 있어서는 세계에서 1위를 기록하고 있다. 넓은 바다를 가진 나라들에 비해 전체 종수는 적지만 가장 많은 종들이 높은 밀도로 좁은 바다에서 서식하고 있음이 밝혀진 것이다(참고로 2위가 중국(25.9), 3위가 남아프리카(15.3), 그 뒤로 발트해(14.3), 멕시코만(10.1), 하와이(3.4) 순이었다). 해양생물다양성 밀도로 보아 전 세계 1위인 우리 바다를 자랑할 수도 있겠지만, 좁은 바다에서 많은 생물종이 사는 우리 바다는 보존과 관리가 그만큼 어려운 바다라는 뜻일 수도 있다.

아시아 동북쪽 작은 반도를 둘러싸고 있는 우리 바다에 왜 이렇게 많은 생물종이 나타나게 되었을까? 뚜렷한 사계절을 가진 위도상의 특징과 쿠로시오 난류, 북한한류, 서해와 남해안의 연안수, 서해 중저층의 냉수대와 한류, 그리고 난류가 교차하는 동해의 표층수와 깊은 수심층의 동해 고유수 등 다른 나라에서는 볼 수 없는 그야말로 다양한 해류와 물덩이가 있으며 서해 갯벌, 다도해 등

고수온기에는 방어와 함께 열대 어종인 만새기도 나온다.(포항 죽도시장, 9월)
난류를 따라다니는 회유종인 방어(포항 죽도시장, 5월)

냉수성 어종인 청어(위)와
대구(오른쪽)
(포항 죽도시장, 1월)

연안의 환경 특성, 뚜렷한 사계절 등이 복합되어 만들어지는 해양 환경 때문일 것이다. 물고기 종류만 보아도 차가운 바다에 사는 대구, 명태, 청어로부터 난류를 따라 회유하는 방어, 부시리, 참치류, 고래상어, 연안의 망둥어류, 볼락류, 서해 갯벌의 말뚝망둑을 포함한 다양한 망둥어류들, 동해 깊은 바다에 사는 도루묵, 뚝지, 횟대류와 남해 대수심층의 홍감펭, 눈볼대, 돗돔, 줄가자미, 아귀류, 제주도 연안의 자리돔류, 줄도화돔, 흰동가리 등을 포함하는 다양한 열대 어종까지 해역별로 다양한 어종들이 서식한다. 비록 면적은

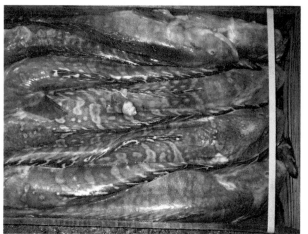

대양회유종 개복치
(포항 죽도시장, 6월)

심해어종 벌레문치
(포항 죽도시장, 6월)

작은 바다이지만 북태평양에서 호주 북부에 이르는 해역에서 서식하는 다양한 생태형의 물고기들을 우리 바다에서 만날 수 있는 것이다.

여기에는 연안 서식처의 다양한 환경도 한몫을 한다. 동해, 서해, 남해에 흩어져 있는 3,000여 개의 섬들과 함께 조석 간만의 차이가 매우 큰 서해 갯벌, 한강, 낙동강 하구의 넓은 기수 해역과 여름이면 수온이 25℃ 이상으로 상승하는 연안, 세계 2대 해류 중 하나인 쿠로시오 난류의 영향을 직접 받아 겨울에도 14~15℃를 유지하는 제주도 연안까지. 우리 바다는 한대, 온대, 아열대, 열대 생물종들이 서식할 수 있는 환경 조건을 골고루 갖추고 있다.

최근 지구 온난화로 인한 수온 상승과 맞물려서 점차 더 많은 열대 생물종이 우리 바다를 방문하거나 정착을 하고 있는 것이 현실이다. 앞으로 해양환경 변화를 모니터링하면서 이러한 다양성 보전을 해야 하는 것이 현세를 살아가는 우리들의 임무이자 후손을 위한 숙제이다.

우리 바다의 또 다른 가치,
수중경관

몇 년 전 출간한 『울릉도, 독도에서 만난 우리 바다생물』이라는 책에 '울릉도와 독도 10대 수중경관'이 나온다. 당시에는 독도의 영유권 문제로 민감한 부분이 있어 울릉도와 독도를 묶어서 10경을 발표했다. 지금 생각하면 섬이 드문 동해에서 울릉도와 독도 연안의 수중세계를 소개한다는 것 자체가 가치 있는 시도였다. 특히, 일본의 영유권 주장을 들을 때마다 속상해하는 우리 국민들의 정서를 생각하면 더 구체적인 묘사가 필요했던 것이 아닌가 생각된다.

늘 육상을 바라보면서 살아가는 인간들에게 물속을 들여다본다는 것은 특별한 경험이 될 수 있다. 높은 산에 올라가 내려다보는 우리 강산을 빼어난 '금수강산'으로 표현했다면, 우리 바다의 수중세계는 어떤 말로 표현할 수 있을까?

지난 40여 년간 국내외 여러 바다에서 잠수하면서 기억에 남는 수중세계는 너무 인상적인 곳이 많아 일일이 나열하기는 어렵지

넓게 발달한 감태숲과
돌돔들(독도 독립문바위)
ⓒ이선명

독도 수중의 직벽과
물고기들
(독도 큰가제바위)
ⓒ이선명

만 바다마다 나름대로의 독특한 환경과 생물이 어우러진 수중경관이 주는 느낌은 모두 달랐다.

　세계 다이버들에게 잘 알려진 유명한 다이빙 포인트는 아름다운 산호초와 다양한 해양생물이 모여 사는 곳에 많이 있다. 호주의 그레이트 베리어 리프(Great Barrier Reef, 산호초 바다), 말레이시아의 시파단섬, 지구의 마지막 낙원이라는 팔라우의 블루코너, 블루홀, 뉴드롭, 저먼채널과 같은 다양한 다이빙 포인트, 원시의 생명들을 보여주는 인도네시아의 렘배해협을 비롯한 포인트, 진화론의 기원을 찾아가는 마음으로 한 번은 가고파 하는 에콰도르의 갈라파고스 제도 등이 아름답고 신기한 바닷속을 보여주는 곳으로 나는 기억한다.

　열대 바다의 따뜻함이나 투명한 수계 환경과는 다른 우리 바다는 나름의 멋을 가지고 우리 곁에 있다. 남태평양에서 다이빙을 즐기는 사람들에게는 조금은 차갑고 어두운 바다라는 인상을 심어주는 온대 바다이지만 그 어느 바다의 산호초에서도 느끼지 못하는 감동을 주는 수중경관도 많다.

　'동해의 수중 금강산'이라 불리는 곳에서는 한대성 말미잘과 산호, 천천히 움직이는 황볼락 떼나 임연수어 등을 만날 수 있다. 동해 한가운데의 울릉도와 독도는 '동양의 갈라파고스'라 할 만큼 생물종 다양성이 높고 수중경관이 뛰어나다. 남해안의 홍도나 백도 연안에선 넓은 감태숲과 그 위를 떼 지어 다니는 작은 자리돔 떼, 그 아래로 커다란 능성어나 돔을 흔히 만날 수 있어 동해와는 다른 풍요로운 해양생물들의 서식처에서 수중세계를 즐길 수 있다. 열대 어종과 아열대 어종이 80% 정도를 차지하는 제주

독도 해녀바위(녹색정원)의
무성한 해조숲과 수많은 물고기들 ©신광식

천장에 부채뿔 산호 군락이 발달한
흑돔굴 입구(독도 서도) ©신광식

도 연안은 연산호(soft coral)라 불리는 수지맨드라미류가 번성하고 있어 생태보호구역으로 지정된 곳이 있다. 우리 바다의 연산호는 열대 바다에서도 보기 힘든 큰 군락을 이루고 있으며, 보호해야 할 해양생물종으로 지정되어 있다. 이 산호군락과 함께 살고 있는 열대생물종이 만들어 내는 수중경관은 매년 많은 다이버들을 유혹한다. 갯벌이 넓게 발달한 서해는 연안의 투명도가 낮아 수중경관을 즐기기에는 한정된 환경을 갖고 있지만, 서해 중부의 격렬비열도처럼 연안에서 멀리 떨어진 섬 연안에서는 서해에서만 볼 수 있는 황해볼락과 같은 어류와 비단가리비, 전복 등 부착 생물들로 독특한 생물상을 가지고 있어 보존해야 할 가치를 충분히 보여준다.

　이렇게 동해, 남해, 서해의 바닷속이 각각의 특성에 따라 다른 수중경관을 가지고 있는 우리 바다는 육상과 마찬가지로 계절에 따라서도 독특한 변화를 보여준다. 뛰어난 경관은 물론이고 온대지방 특유의 계절에 따른 역동적인 아름다움을 가지고 있는 바다이다. 거기에다 한류와 난류가 서로 교차하면서 만들어 내는 생물의 다양성과 풍요로움은 그 어느 나라의 바다와도 비교되지 않을 정도로 독특한 생태 가치를 갖는다. 특히, 내가 '동양의 갈라파고스'라 부르고 있는 울릉도, 독도는 다른 나라의 수중경관에서는 보기 힘든 독특한 생물상과 수중경관으로 동해의 보석 같은 수중세계를 자랑한다. 나는 지난 20여 년간 탐사를 다닌 독도의 뛰어난 수중경관을 자랑하는 곳에 천국의 문(독립문바위), 하늘창문(큰가제바위), 녹색정원(해녀바위), 혹돔굴(산 73번지), 독도 제1문(똥여(가칭)) 등의 우리 이름을 붙여서 국내외에 알리고 있다.

제주도 서귀포 앞바다의 화려한 수지맨드라미와 자리돔 떼 ©김병일

제주도 서귀포 앞바다의 해송과 자리돔 떼 ©김병일

제주도 남쪽에 위치한 가파도 동쪽에 수심 40여 미터의 직벽이 수백 미터 이어지는 곳에는 '한국의 블루코너'라 이름을 붙여서 수중 다큐멘터리로 소개한 적도 있다. 그 외에도 우리나라 연안에 흩어져 있는 3,000여 개 섬 연안의 수중은 독특한 생태와 경관, 다양한 생물상을 가진다.

지난 수십 년간 나와 함께 우리 바다를 드나들면서 함께 연구 조사를 한 한국수중과학회 회원들과 그 외 전국에서 우리 바닷속의 가치를 찾아내어 보호하는 많은 다이버들의 노력으로 다양한 우리 바다의 생태적 가치를 국제사회에 알려오고 있다. 아마 멀지 않은 미래에 많은 자료들이 정리되어 국민들에게도 우리 바다가 가진 국토의 가치를 다양한 방식으로 알리게 되리라 기대해 본다.

세계의 바다목장

'해양목장' 또는 '바다목장(Marine ranching, Sea ranching, Marine ranch)'이라 하면 육상의 목장과 유사한 의미로 들리지만, 울타리도 없고 수심도 천차만별인 바다에 목장이란 단어를 붙이는 데는 논란이 많다.

바다목장의 개념은 세계 각국의 연안 자원과 해양 환경특성이나 그에 관련된 정책, 사업 성격에 따라 조금씩 달리 정의되고 사용되어 왔다. 우리나라에서는 1970년대 초부터 연안 자원 조성사업과 인공어초 사업이 시작되어 넓은 뜻의 해양목장 사업이 시작되었다고 할 수 있다.

인류가 바닷속의 식량을 얻기 위해서 바닷속에 고기 집(인공어초)을 만들어 넣었던 역사는 꽤 오래되었다. 해양목장에 관련된 자료를 찾다 보면 인공어초에 관련된 일본의 오래전 역사를 접하게 된다. 일본의 어초의 역사는 1795년 이후로 기록에 남아 있다. 1615년경 산의 암석을 연안에 넣어서 어장을 만들었던 기록도 있

소리를 내어 물고기를 모은 후 먹이를 주는 음향급이기(일본 나가사키 해양목장)

어 아마 1600년대부터 어초 사업을 해 왔다고 볼 수 있다. 배를 사용하여 바다 밑의 어장을 만드는 어초 사업은 제1차 세계대전 이후 1918년의 군함을 침선어초로 바다에 가라앉힌 기록에서 찾을 수 있다. 인공어초란 단어는 1954년부터 사용해 왔으며 1977년대에 세계 각국에서 200해리 어업전관수역을 선포함에 따라 일본에서도 인공어초 사업이 대폭 확대되기 시작하였다. 해양목장 사업은 1981년부터 오이타(大分)현에서 참돔을 대상으로 하여 수중에서 소리를 내고 먹이를 자동으로 주는 해상시설과 인공어초를 연계한 실험으로 1986년에 사업화되었다. 그 후 오카야마현, 니가타현, 나가사키현 등 약 20여 개소에서 해양목장화 사업이 추진되어 왔다. 80년대 후반부터 고층어초를 개발하기 시작하여 수심이 깊은 앞바다에서 증식 사업을 추진해 왔으며 1990년대에 들어와서

통영바다목장 전경(경남 통영시 산양면)

는 수심이 400m가 넘는 해역의 수산 자원을 대상으로 해저산맥, 보호초 등을 설치하는 등 수산증식 사업을 확대 추진해 오고 있다.(한국해양과학기술원, 2019)

해양목장 사업은 수산자원 증식을 목적으로 한 인공어초 사업을 포함하고 있어 세계 각국의 초기 해양목장 사업은 인공어초 사업의 기록으로 찾아볼 수 있다.

중국은 명나라 시대부터 연안에 대나무나 나뭇가지 등을 사용하여 인공어초를 설치하였다고 하며 1984년 인공어초 보급 회의 후, 국가 지원하에 인공어초 사업을 시작하였다. 2004년 산둥성에서는 우리나라 통영바다목장을 벤치마킹하여 생태형 해양목장을 만들기 시작하였으며 그 후 저장성, 랴오닝성, 광시성 등 전국적으로 해양목장화 사업을 대대적으로 추진하고 있고, 2020년까지

중국 산둥성 해양목장에 투하된 인공어초(2019)

중국 산둥성 성산해양목장 해상체험장(2019)

200개의 해양목장 완성을 목표로 하고 있다. 중국은 연안 지역의 어장 환경을 개선하고, 자원의 증대, 어업 생산의 증대와 해양레저 산업의 활성화를 목표로 인공어초 사업과 해양목장화 사업을 진행하고 있다.

미국은 1800년대 초 목재를 바다에 가라앉혀서 인공어초로 사용한 기록이 있으며 1900년대 초에는 뉴욕 주의 연안에 낚시장 조성을 위해 시멘트와 버터통을 사용한 블록을 만들어 설치한 기록이 있다. 그 후 1950년대에는 캘리포니아, 앨라배마, 플로리다, 텍사스, 뉴욕, 버지니아 등의 연안에 폐차, 건축 폐자재, 콘크리트 등을 설치하게 된다. 주로 낚시자원 증식을 위하여 활발한 인공어초 사업을 추진하던 미국은 인공어초를 주제로 한 제1회 국제회의를 1974년 텍사스 주에서 개최한다. 이 시기가 200해리 내 바다를 자국의 영토로 선포하던 시기와 맞물리면서 인공어초 사업을 중심으로 한 해양목장화 사업은 탄력을 받게 되었다.

오스트레일리아와 뉴질랜드에서는 1960년대 중반부터 폐타이어, 폐차, 폐선, 콘크리트 파이프, 실험용 콘크리트 블록 등을 사용하여 인공어초를 개발하였고, 캐나다에는 1965년 닭새우 자원증식을 위하여 노스아일랜드 해협에 자연석을 설치한 기록이 있다.

러시아에서는 1966년 볼가강과 쿠반강에 철갑상어 산란을 목적으로 한 산란용 어초를 설치하였고 2년에 걸친 조사 결과 다른 어종에도 효과가 있음을 발표하였다. 유럽에서도 프랑스가 오래전부터 지중해 연안에 인공어초를 설치한 바 있다고 하나 명확한 기록은 없으며, 1980년대에도 관련 사업을 일부 추진한 바 있다. 이탈리아에서도 소형 블록을 쌓아 올리는 방식으로 연안에 인공어초 어장을 조성한 적이 있으며 스페인에서는 지중해에 콘크리트 블록을 사용한 인공어초 어장을 조성한 기록이 있다.(안희도 박사)

1990년대 노르웨이는 대서양 연어, 닭새우, 대구, 가리비를 대상으로 연안에서 해양목장 사업을 추진했다. 새끼를 방류하고 해역 관리를 하면서 수확하는 방식이었는데 9년간의 연구 결과 닭새우와 가리비는 어느 정도의 경제성이 있는 것으로 나타났으며 대서양 연어와 대서양 대구는 경제성이 없는 것으로 판단되었다. 명확한 경제성 분석을 전제로 한 노르웨이의 방류사업은 경제성을 따지는 사업차원에서의 해양목장화 연구였다고 볼 수 있다.

인공어초 사업이든 자원조성 사업이든 전 세계의 연안국들은 예부터 여러 노력을 기울여서 자국의 바다가 좀 더 풍요로워지기를 원했고 낚시든 어업이든 목적에 따라 해양공간을 가꾸려고 노력해 왔다. 바다에 대한 관심도가 높아지면서 대개 1970년대부터 바다를 '국토 관리' 차원에서 보다 집중적인 연구와 기술개발사업으로 추진하고 있음을 알 수 있다.

중국수산학회 초청 '한국의 해양목장사업 현황' 특강을 마치고 중국 전문가들과 찍은 단체사진(1열 의자 왼쪽에서 5번째가 필자, 하이난 하이커우시, 2019)

우리나라 바다목장

　우리나라는 1970년대부터 자원조성 사업, 인공어초 사업 등 바다의 수산자원을 풍요롭게 하려는 노력을 시작하였다. 그 후 관련 사업 추진 효과에 대한 조사를 실시하고 평가하면서 막대한 세금이 투입되는 바다 살리기 사업들의 효과를 높이기 위해 연구와 개선이 필요하다는 것을 알게 된다. 우리나라 바다를 돌아다니는 연구원 생활을 하며 연안에서 잠수를 할 때 각 해역의 독특한 특성과 문제점들을 더 심각하게 느낄 수 있었다. 특히, 우리나라처럼 각 지역의 바다 환경과 자원이 다양한 곳에서는 동일한 방법으로 추진되는 수산자원 증식 사업의 효과에 의구심이 생긴다. 즉 동·서·남해의 해양 환경, 자원 특성을 고려하여 그 해역 특성에 맞는 자원조성과 이용·관리 방안의 개발이 필요하였다.

　연안에서의 자원증식 사업은 바닷속에 직접 들어가서 사업 추진 과정을 모니터링 할 수 있고 그 결과에 대한 장기적인 모니터링도 가능한 점이 특징이다. 70년대 이후 인공어초 사업이 수심

30m 전후까지의 얕은 연안에서 이루어지고 있었던 우리나라 자원 조성 사업의 경우는 더욱더 사업 효과를 조사하기에 적합하였다.

1994년부터 4년에 걸친 해양목장화 사업 기반 연구 기간 동안 우리나라 연안의 바다목장 사업 추진에 대한 가능성 타진과 일본 등지의 해양목장 사업 추진의 현황, 그리고 그 효과에 대한 많은 자료들을 분석할 수 있었다. 그리하여 과거 먹거리 수산자원 증식에 치중해 온 초기의 자원증식 사업은 80, 90년대를 지나면서 해양, 레저산업 분야로 확대되어야 한다는 것을 느꼈다. 이는 소득수준이 높아진 국민들의 관심이 수산업에서 해양 관광레저 분야로 확대되고 있었기 때문이다. 그러한 배경으로 해양목장 기반 연구 사업을 추진하면서 나는 어업형 바다목장 외에 관광형, 체험형 바다목장이란 단어를 사용하여 각각 동해와 제주도의 바다목장 모델로 제시하게 되었다. 그때까지 1차 산업에만 집중되어 있던 수산자원 증식사업을 해양레저 관광 부분까지 확대하는 전환점이 된 것이다.

우리나라 최초의 시범 바다목장 사업은 1970년대부터 1990년대 중반까지 추진된 수산자원 증식사업의 토대 위에 과학적인 자료를 바탕으로 해당 해역의 조건에 맞는 모델을 선정하여 5개소에서 우선 진행되었다. 이 시범 바다목장 사업의 특징은 각 해역의 특성에 맞는 대상 어종을 선정하고 그들의 생태적인 특성에 맞는 기술을 개발하여 증식사업을 추진하며 사업 종료 후에는 해당 지자체와 어민들이 맡아서 관리토록 하는 것이었다.

1998년에 통영시 연안에서 시작된 '통영바다목장화 사업'은 우리나라에서 이루어진 첫 바다목장화 사업으로 2007년까지 9년간 추진되었다. 환경, 어장조성, 자원조성, 이용관리의 4개 분야로 나누어 매년 140여 명의 연구진들이 통영시 연안 20km²을 중심으로 연구 사업을 추진하였다. 대상종의 생태를 고려하면 일본 해양목장과 같은 음향급이기만큼은 필요 없다고 예상하였지만 다른 해역에서의 사용을 고려하여 국산화를 시도해 보았다. 효과에 대한 확신은 없었지만 소리를 사용한 어류 행동의 순수 연구차원에서 진행하게 되었다. 통영바다에서 대상종을 볼락류로 선정한 후 수행한 자원조성 연구는 건강한 종묘 생산과 방류 기술, 물고기의 행동습성 연구 결과를 바탕으로 한 대상종의 나이별 적정 인공어초 개발 등에 집중되었다. 자원조성 분야를 맡고 있었던 나는 볼락류의 수중 행동 연구를 위해 늘 잠수를 해야만 했고, 매우 흥미로운 결과를 만날 때마다 바닷속에서 즐거워했다.

9년간의 실험과 사업 추진 결과, 1998년 110톤이었던 볼락류의 자원은 2007년에는 749톤으로 증가하였다. 이용관리 분야에서는 바다목장 사업에 대한 법률적인 근거를 마련하고 2000년 12월에 바다목장 해역 중앙에 540ha 넓이의 해역을 보호수면으로 지정하였으며 2005닌 3월에는 전체 바다목장 해역을 수산자원 관리수면으로 지정함으로써 법적인 관리의 토대를 마련하였다. 한편, 준공 후 바다목장을 관리할 지자체와 지역 어민대표들로 구성된 통영바다목장 관리위원회를 2004년 12월에 조직하여 바다목장 해역 내에서의 부정어업 방지와 어장청소, 자원보호 활동을 할 수 있도록 하였다.

통영 시범 바다목장 사업이 추진된 이후 전남 해역에서는 여수 연안, 동해에서는 울진 연안, 서해에서는 태안 연안, 제주도에서는

통영바다목장 수중촬영대회 입상작(2006년) ⓒ성기일

통영바다목장 육성용
어초에 모인 조피볼락 떼
(경남 통영, 2004년
6월, 수심 20m)

통영바다목장 해조숲에
모인 볼락류

북제주군의 고산해역에서 시범 바다목장화 사업이 2013년까지 추진되었다.

통영 시범 바다목장 사업은 2007년 이후 현재까지 경상남도와 통영시, 어민들이 관리해 오고 있다. 사업추진 기간인 9년 동안의 연구과정에서 실패와 성공을 거듭하면서 얻어진 기초 과학 자료와 노하우를 바탕으로 하여, 나를 포함한 한국해양과학기술원 연구팀의 협력으로 지자체에서 사후관리를 해 오고 있다. 사실상 바다목장 연구는 지금도 계속되고 있다고 볼 수 있다. 볼락류의 자원도 매년 동일한 방법으로 조사해 오고 있는데 2010년도 중반 이후에는 1,000여 톤을 상회하는 자원량이 매년 유지되고 있다.

지난 20여 년간의 바다목장화 사업에 관련된 나의 경험으로 보면 바다목장화의 승패는 수중생태의 과학적인 자료, 수중을 이해하는 전문 인력과 그 해역을 엄격한 규율 아래 관리하는 체계 구축에 달려 있었다고 생각된다. 물속 사정 즉, 우리가 선정한 어종을 비롯한 그 해역의 생태특성을 잘 파악하고 그에 따른 관련 기술 개발과 그 기술의 현장적용이 되어야 하는 것은 물론 해역 관리를 지역 해양경찰과 시 담당 공무원은 물론 어민들이 스스로 해나가는 체계 구축이 필수적이다. 투자는 바닷속 생물과 생태 유지를 위해 하지만 그 사업의 추진과 사후 관리는 우리들 손에 달려 있는 것이다. 아무리 좋은 기술을 개발하여 현장에 적용하여도 부정어업, 쓰레기 투기, 과도한 남획 등을 계속하면 사람에 의한 생태계 파괴를 막을 길이 없다. 그래서 바다를 잘 아는 전문가 육성이 시급하며, 보다 체계화된 관리 방안도 개발되어야 한다.

개인적으로는 오랫동안 수중세계를 방문하면서 지냈고 지구상

최고의 바다라는 팔라우의 블루코너나 말레이시아의 시파단섬, 호주 산호초(GBR) 코드홀, 미크로네시아의 4개 주와 같은 곳에서 스쿠버다이빙을 통한 연구를 하면서 많은 것을 느꼈다. 각각의 다른 생태환경에서 경험한 어류 무리의 행동은 오랫동안 머릿속에 남아 있었다.

또 제주도, 가거도, 거문도 백도, 거제 홍도, 왕돌초, 울릉도, 독도와 같은 우리나라 외곽 도서에서 연구 조사했던 경험을 바탕으로 바다목장 대상 생물종의 자원조성 방법을 고안하게 된 것은 행운이라 생각한다. 그러나 내가 수중에서 느끼고 습득한 그러한 원리들을 강단에서 후학들에게 말로 전달하기에는 한계가 있다. 수

통영바다목장 관리는 육상과 수중에서 동시에 이루어진다.
(수중사진기를 든 필자, 2006년)

중세계의 비밀은 수중에서만 느낄 수 있다. 그래서 향후 수중세계를 잘 아는 전문 연구자를 육성하는 일은 건강한 우리 바다를 지켜나갈 수 있는 힘이라 생각한다.

지금은 대외적으로 '한국형 바다목장'이라고 발표하고 있지만 바다목장화 사업에는 기술력과 인력, 자금력 외에 호주나 미국과 같이 해양보호구역(MPA) 관리를 위한 '지대 설정(zoning plan)'이 필수적으로 시행되어야 한다. 즉, 인간의 간섭을 최소화하려는 노력이 바탕이 되어야만 해역의 생산력도 증가, 유지될 수 있다는 것이다. 해양 선진국에서 볼 수 있는 철저하고도 과학적인 통제 정책과 그에 따르는 해당 국민들의 준법정신이 곧 바다 사업의 승패를 좌우하는 핵심 요인이 될 것이다.

수산자원 복원은 어디에서부터?

우리나라 서남해안 모처에 자그마한 하천을 막아서 댐을 만든 곳이 있다. 건설 당시 목표는 농업용수를 안정하게 확보하기 위한 담수호의 건설이었다. 댐이 건설되고 난 후, 예부터 그 하천의 하구 연안에서 흔히 어획되던 숭어 등 기수역의 수산 어종들이 사라졌다고 한다. 숭어, 농어 등 기수역의 낮은 염분 환경을 좋아하는 어종들은 댐이 완공된 후 하천 하구의 환경변화에 반응하여 그곳으로 몰려오지 않았던 것이다. 이러한 환경변화와 같은 원인은 무시하고 그 연안 가까이에 숭어, 농어의 치어만 매년 수십만 마리씩 방류한다면 과연 그 자원이 다시 회복될까? 아마 그 방법만으로는 오래전 풍부했던 그 종들의 자원회복에는 한계가 있을 것이다. 다시 민물이 바다로 흘러가도록 하여 기수역의 환경이 조성되면, 머지않아 팔뚝보다 큰 농어나 숭어를 예전처럼 흔히 만날 수 있게 될 것이다.

수산자원 고갈 문제가 우리나라에만 국한된 것은 아니다. 매년

1억 톤에 가까운 엄청난 양의 수산물을 바다에서 포획하면서 살아온 우리 인류 모두에게 해당되는 문제이다. 우리나라 어획량도 매년 약 100만 톤 전후를 유지하고 있지만 종별로는 증감 현상이 나타난다. 정부는 1970년대부터 자원조성사업의 방법으로 인공어초 어장 개발이나 종묘방류사업을 꾸준히 해 오고 있지만, 효과는 기대했던 정도에 못 미치는 종도 있었다. 수산물 소비량이 전 세계에서 1, 2위를 다투는 우리나라에서 수산자원 보전, 복원은 경제 문제만큼 중요하다. 매년 부족한 수산자원은 외화를 들여 외국에서 수입해 소비하기 때문이다. 우리 바다처럼 복잡한 해양환경을 갖고 있는 곳에서 어떤 특정한 수산어종 자원을 인위적으로 회복시킨다는 것은 쉬운 일이 아니다. 특히, 참조기처럼 지속적인 남획으로 인해서 자원 고갈현상이 나타난 어종은 매년 계속되는 수요를 충족시키기 위해 어업활동을 계속하면서 그 자원을 회복해야 하기 때문에 더욱 어렵다. 1990년대 수산자원 전문가의 연구결과를 인용하면, 참조기의 자원 회복을 위해서는 4년간 어업활동을 전면적으로 금지해야 예전처럼 서해 연평도 연안에서 산란기에 참조기가 수중에서 내는 울음소리를 들을 수 있을 것이라 하였다.

수산자원의 남획은 인류에게만 문제를 일으키지 않는다. 예를 들어 개체수가 많은 어종에 속하는 정어리를 너무 많이 잡으면, 정어리를 먹이로 하는 고래, 돌고래는 물론 참치, 다랑어류와 같은 대형 어종의 먹이가 부족하게 되어 그 종들의 자원 유지에도 문제가 발생하게 된다.

수산생물 자원이 풍요로운 곳으로 알려져 왔던 북태평양의 어류 자원이 80%나 고갈되었다는 연구 보고(Nature, 2002)가 발표되어 관련 연안국가들에 충격을 준 적이 있다. 세계 각국의 해양학자들과 정부가 관리를 해 왔는데도 불구하고 결과적으로는 남획에 의한 자원고갈이라는 결과를 마주하게 되었던 것이다. 수산 선진국이라 하는 미국, 일본, 캐나다, 러시아 등 북태평양 연안국들의 수산, 해양 관련 학자들이 수많은 연구논문과 모델을 개발해서 수산자원 관리를 위해 노력을 기울여 왔지만 2000년대 실태를 평가해 보니 그동안 그러한 노력에도 불구하고 자원고갈 현상이 심각한 것으로 나타나고 말았다. 무한한 줄 알았던 수산자원이었지만 보다 정밀한 자료를 바탕으로 한 과학적인 관리 없이는 유지가 어려운 것이 수산자원임을 깨닫는 데 그리 오래 걸리지 않았던 것이다.

이러한 실패는 어디서 왔을까? 이 역시 인간의 과도한 어획으로 인한 자원고갈이 원인이다. 여기에는 첨단 어구의 발달도 한몫했다. 어선의 대형화와 어업 관련 장비의 발달로 인하여 특정 종의 대량 어획이 가능하게 되었고 그에 따라 과도한 어획이 지속되어 지금의 자원고갈 현상으로 이어진 것이다.

인간이 사용하는 지구상의 자원 중에서 유일하게 재생이 가능한 자원이 수산자원이라고 한다. 석유, 시멘트 같은 자원은 쓰고 없어지면 재생이 불가능하지만 수산자원은 관리만 잘하면 번식이라는 생명현상이 있어서 오랫동안 일정 생산력을 유지할 수 있다는 것이다. 바꾸어 말하면 바다에서 살고 있는 수산어종들의 번식력을 이해하고 잘 관리한다면 꾸준하게 다음 세대를 키워내는 힘이 유지되어 인간이 두고두고 같은 수준으로 이용할 수 있다는 것이다. 정말 다행스러운 일이 아닐 수 없다.

어업에 따른 혼획 어종들. 주 대상어종이 아닌 어린 물고기들이 다량 혼획되어
연안 수산자원의 관리를 어렵게 한다.

　　우리 주위에 흔한 넙치나 돔 한 마리가 낳는 알은 수십만 개에서
백만 개에 이른다. 어미 배에서 나온 알들이 부화하여 그 새끼들이
모두 성어로 자라지는 않지만 자연 생태계 내에서 어미 무리의 크
기를 유지하기에는 충분한 새끼들이 자연에 나오는 것이다. 물론
그중에서 많은 수가 초기 성장단계에서 사망하지만 어미로 성장
하여 다시 자손을 낳는 개체수의 유지에는 충분하다. 인간과 자연
에 의한 큰 재앙만 없으면 생산력을 유지할 수 있도록 진화되어 온
것이다. 우리는 수산어종들의 이러한 다산 특성을 잘 이해하고 활
용해서 오래전 선조들이 들려주었던 풍요로운 바다로 돌아갈 수
있도록 수산자원 관리를 위한 정책을 세우고 실천해야만 한다.

즉 산란기, 산란장 보호, 채포 금지체장 제도 엄수, TAC 제도의 확대, 생태계 파괴 및 교란을 막기 위한 연안 환경관리 방안, 자원 조성 사업, 바다목장 사업 등의 장기적인 투자와 그 결과를 맞아들여야 할 후손을 위한 효율적인 교육 과정을 만들어 꾸준히 노력하고 실천하는 것만이 길이다.

자원증식을 위해 새끼를 키워서 연안에 방류하면 되지 않을까? 인공어초를 넣어서 아파트를 지어주면 안 될까? 이는 1970년대부터 우리나라에서도 추진되어 온 주된 자원조성 사업 방식이었다. 너무나도 인간적인 사고 중심에서 나온 사업이었다. 고기 집을 지어주고 새끼를 만들어서 방류해 주면 자원이 늘어나지 않을까? 하는 시나리오를 생각하면서 추진된 사업들이다. 물론 이러한 사업은 우리나라뿐만 아니라 일본, 미국, 유럽에서도 추진되었다. 이런 사업들 역시 수산 자원 회복을 위한 노력의 일부이기는 하다. 우리들이 최근에 알 수 있듯이 그 효과는 어떠했는가. 지난 40여 년간의 지속적인 노력에도 총 어획량이 늘어나거나 어느 해역에 목표로 했던 수산자원이 넘쳐나는 현상은 없었다. 이러한 사업에 투자한 돈만큼 효과가 없었다면, 무엇이 잘못된 것일까? 사람이 손대지 않았던 바다 수준으로 자원이 회복된 바다는 거의 찾아보기 힘들다. 일부 바다목장화 사업에서 효과가 나타나기는 했지만 말이다. 오히려 지난 수십 년간 철저하게 'no take zone'을 지정해서 해역 자체를 보호, 관리했던 미국이나 호주 등 연안국의 일부 해역에서 '원시의 바다'를 아직도 만날 수 있다. 즉, 사람이 간섭하지 않으면 바다는 자체가 가진 생산력을 유지해 나갈 것이다.

특히, 연안의 중요성을 이해해야 한다. 육상의 생활에 오랫동안 적응한 인류에게는 늘 넓은 땅덩이가 필요했고 그래서 우리나라도 얕은 연안은 흙으로 메꾸어서 논이나 공단 부지 등으로 이용했다. 서해안의 경우는 오랜 간척사업으로 해안선의 40% 정도가 감소되었다고 한다. 경기도의 시화호, 남양호, 화옹호, 충남 대호, 부사호로부터 남쪽으로 전라도의 새만금댐, 영암호, 고천암호에 이르기까지 얕은 갯벌이 발달해 있던 곳의 바다 입구를 막아서 담수호와 육상 공단 부지를 만드느라 세계에서 손꼽히던 서해 갯벌은 그동안 많이도 줄어들었고 고유의 환경조건을 잃어버렸다. 간조 시에 물이 빠지면 넓디넓게 드러나던 갯벌은 농토와 육상 부지를 생각하는 이들의 입장에서 보면 넓은 땅을 만들 수 있었던 곳에 불과했다. 연안 생태의 중요성은 서해뿐만 아니라 남해나 동해에서도 동일하다. 수많은 해양생물 자원들이 연안을 산란장이나 어린 새끼들의 성육장으로 이용하고 있기 때문이다.

인간은 수산자원을 선사시대부터 식량으로 이용해 왔다. 또 기름을 짜거나 껍질을 이용하기도 하고 최근에는 해양생물로부터 항암제와 같은 유용한 생리활성 물질을 얻고자 노력하고 있다.

수중에서 살아남기 위해 떼를 짓는 습성(school)을 가진 멸치, 고등어, 전갱이 등 소형 수산어종은 과학어탐기의 발달로 인간의 손쉬운 어획 대상이 되고 말았다. 진화의 과정을 거치면서 터득한 습성인 떼짓기가 어군탐지기로 쉽게 이들 어군을 찾아낼 수 있게 한 것이다.

점차 고급어종을 원하는 우리들의 식생활은 고급어를 사육하기 위해 저급한 생선을 먹이로 사용하는 양식 산업을 발달시켰다. 고급어종 1kg을 얻기 위해서는 전갱이, 까나리 등 저급 소형어

통영바다목장에서 진행된 종묘방류 행사(통영시 산양면, 2007년 6월)

7~8kg을 잡아서 먹이로 주어야 한다. 저개발국의 식량자원인 정어리, 전갱이, 밴댕이 등 값이 싼 소형어를 돔, 넙치, 연어 등 고급어종을 키우기 위해서 먹이로 사용하는 이율배반적인 산업의 발달이 인류의 식량문제와 수산자원의 고갈을 촉진한 것은 아닐까?

　1998년 우리나라 최초의 시범 바다목장 사업이었던 통영바다목장 사업의 추진경과와 사후관리를 보면 우리도 자원관리를 할 수 있다는 자신감을 가질 수도 있다. 사업 시작 당시 110톤이었던 볼락류는 20년 후 10배 정도 증가하였다. 이는 지속적인 방류, 인공어초 설치, 어민들과 지자체의 자발적인 관리가 뒷받침되었기 때문이다. 이러한 결과의 가장 기본적인 요인은 보호수면과 수산자원관리수면으로 나누어 관리를 해왔던 것이다. 총 2,000ha 중

540ha의 보호수면(no take zone)을 지정해서 관리했던 것이 가장 효과적이었다고 생각한다. 연안의 수산자원은 곧 돈이었기 때문에 그러한 법적인 강제조치가 없었다면 불법어업으로 인해서 자원 증식이 제대로 될 수 있었을까. 아무리 좋은 기술과 법으로 바다를 관리 운영하려 해도 어업인은 물론 국민들의 바다에 대한 이해를 바탕으로 한 사랑이 없으면 자원 관리는 물론 바다 환경보호까지도 어렵다.

수산업계의 제3의 물결, 낚시 산업과 해양레저 산업의 발달

1960년대만 해도 낚시를 즐기는 이들이 그리 많지 않았다. 김해 수로에 낚시를 하러 가기 위해 버스를 타면 낚싯대와 대바구니를 든 사람이 나밖에 없어서 멋쩍을 때도 있었다. 그 당시는 부산, 김해 부근의 낚시터에 가서도 낚시할 자리를 걱정해 본 적이 없었다. 김해 명지수로, 맥도강, 조만포수로, 평강수로 등과 구포다리 아래의 작은 둠벙들이 내가 자주 갔던 낚시터였다. 낚싯대는 꼽기식 대나무 낚싯대로 두 칸, 두 칸 반 정도 되는 짧은 대였다. 받침대는 집에서 못 쓰는 철사 옷걸이를 잘라서 앞 끝을 브이(V)자로 만들어 대나무에 끼운 것이었다.

1971년 낚시잡지인 『낚시춘추』가 처음 발간되었다. 몇 년 후 나는 독자란에 글을 투고했는데, 원고에는 '낚시를 좋아하는 이들이 많아졌으면 좋겠다'는 내용도 포함되어 있었던 것으로 기억한다. IMF를 겪은 후 국민소득이 점차 늘어날수록 휴양과 해양 레저에 대한 욕구와 다양성은 급속히 증가하였다. 낚시 인구 300만 시대라 발표할 때 놀랐던 것이 엊그제 같은데 지금은 700만을 넘었다고 한다. 이런 낚시 인구통계를 접하고 있는 지금은 '낚시 인구가 더 이상 안 늘어났으면 좋겠다' 하는 심정이다. 700만 명이 많기도 하지만 증가하는 낚시 인구에 비해 유어 자원관리 문제, 해양 쓰레기 문제 등이 심각한 수준이기 때문이다. 언제부턴가 정부는 낚시인들에 의한 수산자원 남획, 쓰레기 문제 등을 해결하기 위해 낚시 면허제, 민물에서 낚싯대 수 제한 등을 검토하였고 최근에는 어업민과의 갈등을 해소하기 위해서 유어 행위로 잡은 물고기 판매 금지 조치를 준비하고 있다.

연안에서 고기를 잡는 전업 어업인이 불과 20만 명이 채 안 되는 현실을 감안하면 빠른 시일 내에 어업과 유어업이 공존하는 질서를 잡아야 한다고 생각된다.

급격히 증가한 낚시 인구를 대상으로 하는 조구업체나 연안의 낚시 어선 어업자들에 의한 시장 확대와 손님 유치 경쟁으로 많은 부작용도 생겨나고 있다. 낚시 인구의 증가로 전통적인 어업인들의 소득이 다양화되는 것은 바람직하다. 그러나 경제 발전과 함께 고급 수산물에 대한 수요 증가로 수입 수산물은 점점 증가하고 그로 인해 유사한 전통 어업과 양식업계는 경쟁력을 잃어가고 있는 실정이다. 비싼 기름 값과 수입 수산물이 넘쳐나는 현 시점에서 재래식 연안어업의 축소는 당연한 흐름이기 때문에 어선 수와 어획 도구를 줄이는 대신 어업인들이 도시인들의 유어 욕구를 일부 충족시키고 어업과 유어업의 복합적인 기능을 소화하면서 소득을 보완해 나가는 것이 자연스러운 수산업의 방향이라고 생각한다.

낚시 인구의 증가에 따른 연안관리 대책도 필요하다.

그러나 최근 유어선의 대형화 바람이 불어 소형 어선으로 낚시업을 병행하는 어업인들은 소득원을 유어낚시선 전문 사업가와 나누어야 하는 문제에 부딪힌다. 낚시는 점점 다양화, 고급화되고 있지만 연안에서 소형 어선을 가지고 어업을 하던 어업인은 많은 돈이 드는 유어선을 만들어 운영하기가 쉽지 않다. 그나마 어렵게 유어선을 장만한다 해도 동일업의 낚시선들의 증가 속도가 빨라서 손님 유치를 위한 인터넷 활용 등이 필수적인데, 이게 나이 든 어민들에겐 그렇게 쉬운 일만은 아니다. 국내 낚시계와 어업의 이러한 복잡한 상황은 모두 과도기에 나타나는 현상이라고 할 수 있겠다. 시간을 가지고 하나씩 해결해 나가야 할 문제들이다. 국내에서 전통 어업과 해양레저 산업의 공존은 연안에서의 활동 인구 증가와 연안 생태계 건강성 유지를 위해서도 새로운 질서하에 자리 잡고 정리되어야 한다.

어업이든 낚시든 바다를 대상으로 하는 행위에는 반드시 책임이 따라야 하고 그를 위해서는 자연 교육이 우선되어야 한다. 어디까지가 생업이고 어디까지가 취미 생활인지는 구분이 어렵다 해도 자연에 대한 인간의 간섭 한계는 명확히 해야 한다. 인간이 가장 무서운 천적이 되어 버린 물속 어종과 생물들의 지속적인 생존과 건강성 유지를 위해서 말이다. 이러한 전제 조건은 어업과 낚시 외에도 스킨 스쿠버, 요트 등 최근 급속히 증가하는 해양레저 분야에도 해당된다.

낚시 자체는 예부터 인류가 생존을 위해 물고기를 식량으로 사용하기 위해서 발전했었고 현대에 들어와서는 휴식과 취미 생활의 한 장르로 자리 잡았다. 낚시를 즐기려는 이들에게는 낚시가 직업일 리가 없다. 낚시는 어디까지나 사회생활에서 어렵게 얻는 여유시간을 휴양, 휴식시간으로 즐기는 레포츠로 발전을 해 나가야 할 것이다. 그러기 위해서는 국민 모두가 '바다라는 자연에 대한 이해'를 선행해야 할 것이다.

낚시 인구 700만 시대, 낚시의 예절과 예의

낚시는 단순한 오락이 아니다. 자연을 대상으로 하는 모든 행위에는 책임이 따르며 특히 생명을 대상으로 하는 경우에는 보다 깊은 자기성찰이 기본적으로 필요하다. 최근에는 어업과의 영역 구분도 어려워져서 갈치 낚시, 주꾸미 낚시를 하는 사람들이 어업인들과 마찰을 빚고 있을 정도로 전문 낚시나 생활 낚시의 장르가 확대되고 참여하는 인구도 늘어났다. 고령화된 어업 인구와는 달리 젊은 층의 다양한 해양레저 인구 증가로 낚시계는 간편한 생활 낚시까지 포함한 다양한 분야로 발전하고 있다. 따라서 우리나라는 이 같은 다양한 활동을 감안하여 수계 공간을 복합적으로 활용하고 관리해야 하는 시대에 들어섰다고 볼 수 있다. 이러한 추세에 따라 낚시에도 예절, 예의가 필요하다는 주장이 나온다.

낚시에 어떤 예절과 예의가 필요할까?
첫째, 낚시 인구가 나이와 성별의 구분 없이 증가하고 있는 점을 감안하면 세대 간 배려와 공중도덕의 정신이 필요하다. 나이 든 분들의 낚시와 젊은 세대의 낚시에는 장비, 방법 등에 많은 차이가 있기 마련이다. 예를 들어 어르신들이 조용히 낚싯대 한두 대 펴고 전통 떡밥 낚시를 즐기면서 유유자적하게 물가에서의 시간을 보내고 있다면, 릴대나 장대(긴 낚싯대)낚시를 즐기는 사람들은 조금 떨어진 곳에 자리 잡고 조용히 낚시를 하는 것이 바람직하다. 특히, 단체로 낚시를 왔을 경우에는 더욱 정숙하게 주변의 홀로 오신 분들에게 방해가 되지 않도록 세심하게 행동하는 것이 필요할 것이다.

둘째, 장르가 다른 낚시 분야에 대한 배려가 필요하다. 붕어 낚시를 예로 들면 연안에서 떡밥 낚시를 하거나, 대물 낚시를 하기 위해 낚싯대를 열 대씩 펴는 사람이 있어 봄철 산란기의 특정 저수지 물가에서는 자리 다툼도 일어나곤 한다. 조금씩 양보하면 같이 즐길 수도 있지만 낚싯대를 열 대씩 부채꼴 모양으로 펼친 이들은 자신의 자리에 가깝게 자리 잡는 이들을 나무라기도 한다. 여기에 고무보트 낚시를 하는 사람들까지 오면 그야말로 복잡한 낚시터가 된다. 여러 개의 장대를 길게 펼치고 연안 낚시를 하는 사람 바로 정면에 보트가 자리 잡아 서로 마주 보고 밤을 지새우게 되는 경우도 있다. 마음이 고요하고 편한 민물 낚시가 될 리 없다. 이 경우도 먼저 자리 잡은 이에게 방해가 최소화되도록 방향이나 거리를 조절하고 조심스럽게 서로 양보하고 웃으면서 붕어를 기다리는 자세가 필요하다.

또 다른 예로는 붕어 낚시와 배스 루어낚시가 만났을 경우이다. 붕어찌 낚시꾼은 물가에 자신의 낚싯대를 펴 놓고 같은 장소에 낚싯대를 던졌다 뺏다 하면서 낚시를 즐기고 배스 루어낚시꾼은 릴 대를 던졌다 감았다 하면서 연안을 걸어 다니며 배스를 노린다. 이 경우에도 붕어 낚시인이 연안에 자리를 잡고 있으면 어느 정도의 거리를 유지하면서 배스 낚시를 즐기는 것이 서로의 장르를 존중하는 방법이기도 하다.

이러한 장르 간의 배려는 바다낚시에서도 마찬가지일 것이다. 감성돔 낚시 시즌에 많은 사람들이 좁은 방파제에 모여서 낚시를 한다고 가정하면, 흘림 찌낚시를 하는 이와 한 장소에 낚시를 던져 놓고 기다리는 민장대낚시나 처박기 원투 낚시를 하는 이 사이에는 가끔 마찰이 생기곤 한다. 흘림 찌낚시의 경우는 물의 흐름에 따라 어느 정도 거리를 흘려주어야 하기 때문에 고정식 낚시를 하시는 사람들과 부딪치게 되는 것이다. 낚시 방법에 있어서는 정도가 없다. 맥낚시를 즐기려는 이나 흘림 찌낚시를 즐기려는 이는 서로 조금씩 양보하고 자리도 넓게 마련해 주려는 노력이 있어야만 마찰을 피할 수 있다.

셋째, 강이나 바다낚시를 할 때 주변 청소 문제이다. 한 번 잡은 자리는 오랫동안 자기 자리가 되기도 한다. 낚시를 하다 보면 자연스럽게 미끼봉지나 통, 밑밥 찌꺼기, 못 쓰게 된 낚시도구나 버리는 낚싯줄, 음식쓰레기나 빈 병까지 다양한 부산물이 발생한다. 이러한 쓰레기들의 처리 문제는 간단하다. 자신이 가져간 쓰레기는 자신이 가져오면 된다. 최근 '안 다녀간 듯 다녀가세요!'라고 정중하게 말하는 이들이 늘고 있다. 강가를 한번 둘러보면 음식 찌꺼기, 봉투, 가스통 등 온갖 쓰레기들이 물가에 버려져 있다. 바닷가의 바위 틈새에 쓰레기를 구겨서 박아 놓고 가는 사람도 많

방파제에 버려진 쓰레기들

다. 나도 한때 이런 낚시터의 쓰레기와 냄새가 싫어서 갯바위 낚시보다는 배낚시를 선호한 적이 있다. 특히, 밑밥 냄새가 나는 연안이나 섬의 갯바위에 갔을 때의 불쾌함은 낚시의 즐거움조차 희석시키기 때문이다. 그나마 적은 인원이 좁은 공간에서 낚시를 즐기는 배는 선장과 함께 매일 간단하게 청소가 가능하기 때문에 쓰레기가 많이 버려진 갯바위보다는 쾌적하다. 이러한 쓰레기 문제도 넓게 보면 자연보호와 함께 다음 사람을 위한 배려와 예의에 속한다.

'낚시꾼' 하면 쓰레기, 생명경시 풍조 등의 오명이 따라 다닌 지가 수십 년이 지났지만 아직도 우리 주위에는 이 굴레를 벗어나지 못한 채 낚시행위만을 즐기는 이들이 많다. 나도 낚시꾼으로서 책임을 통감하는 부분이기도 하다. 낚시 인구 700만 시대를 맞아서 낚시를 즐기는 이들 모두가 한 번쯤 자연과 마주하여 생각해 봐야 하는 문제이다.

생물에 대한 철학

물속에서 수중 생물들을 오래 쳐다보고 있으면, 수중세계는 육상세계와는 전혀(육상을 신경 쓰지 않고 살아가는) 다른 곳임을 느끼게 된다. 수중세계는 지구상에 물이 생기고 생명이 탄생한 이래 천천히 끝없이 진화해 왔다. 반칙이 없는 세계, 속이지 않고도 자연의 힘만으로 순조롭게 나고 사라짐을 계속해 온 세계, 작건 크건 힘의 논리는 있지만 공평한 세계인 것이다.

오래전에 열목어 번식을 위해서 경북 봉화 사찰 마당의 연못에서 실험을 했었다. 당시 살던 경기도 안산에서 자동차로 6~7시간 걸리는 경북 태백산맥에 있는 절까지 부지런히 다녔던 기억이 있다. 그 시기에 열목어 종묘생산은, 강원도 지자체 연구소에서도 매년 노력은 하고 있었지만, 부화 후 초기 단계에서 모두 사망하는 일을 반복하고 있었다. 우연히 알게 된 경북 봉화의 스님, 은어 양식업을 하시던 분과 힘을 모아서 절 마당의 연못에서 수천 마리의 어린 열목어를 생산했다. 당시 휴전선 민통선 안과 강원도 진동 계곡에서 허가를 받은 후 열목어 어미를 채집하여 이를 경북 봉화로 운반하고 몇 번의 채란작업을 거쳐서 부화 사육 실험을 한 결과로, 우리나라에서는 처음으로 생산에 성공한 종묘였다. 그렇게 부화된 손가락 크기의 열목어 수천 마리를, 연구를 위해 열목어 어미를 잡아내었던 강원도 진동계곡에 방류하였다. 당시 같이 참여한 스님으로부터 배운 것은 생명에 대한 생각이었다.

생물이란 식물과 동물로 나누어지고 따라서 불교에서 살생을 하지 말라는 가르침은 '어떤 식물이든 동물이든 목적(가치) 없이 죽이지는 말라'는 뜻이 담겨 있다는 것을 이해하게 되었다. 지금도 대부분의 절에서는 육고기를 먹지 않고 있지만, 나는 개인적으로 식물을 포함한 '살생유택'으로 이해하고 있다. 지금도 그 믿음엔 변함이 없다. 식물이든 동물이든 지구상의 생물들은 인간과 다름없는 생명체이며 각 종마다 서식하고 있는 생태계 유지를 위해 없어서는 안 될 역할을 맡고 있다.

지구상에 생명체가 태어난 이후로 많은 종들이 발생과 멸종을 반복해 왔다. 멸종을 하는 종이 생긴 이유는 변화하는 지구상의 환경 조건이 그들의 생존 자체를 어렵게 했기 때문이다. 동식물종들은 종마다 취약한 생리가 있다. 그 조건은 기온과 수온이 될 수도 있고 산소나 이산화탄소의 농도, 그 외 먹이, 영양분과 천적생물을 포함한 다른 종과의 관계 등이 치명적인 제한 요소가 되기도 했을 것이다.

우리가 강이나 바다에서 만나는 물고기들은 어떨까? 어류는 냉

줄도화돔 새끼들은 고수온기에만 독도 연안에 출현하고 겨울에는 사라진다.

혈동물이라서 주위 환경의 수온은 가장 중요한 생존 조건이다. 매년 여름과 가을에 독도 연안에 나타나는 줄도화돔, 파랑돔 등과 같은 작고 어린 열대 어종들은 수온이 9~10℃로 하강하는 겨울에는 생존이 불가능하다. 물론 먼 미래에 동해의 수온이 열대생물종들이 살 정도로 상승한다면 살아남을 수 있을지도 모르겠다. 특히, 난류와 한류가 회오리처럼 빙글빙글 도는 독도 인근 해역에서는 이들이 어느 정도 유영력을 가진다 하여도 수심이 3000~4000m나 되는 동해를 가로질러 따뜻한 남쪽 바다로 내려가기가 쉽지 않을 것이다. 독도와 유사한 환경을 가진 일본 서해안(니가타현)에서는 이러한 열대 어종들을 겨울의 저수온을 이기지 못하고 죽는다 하여 '사멸회유종'이라 부르고 있다. 여름에 독도 수중 조사 때 만나는 예쁜 파랑돔의 운명을 보면서 물속에서 느낀 마음의 짠함은 해마다 반복되고 있다.

낚시 대상 어종은 어떨까? 대나무 한 자루 꺾어 들고 강가에 앉아 낚싯대 드리우고, 먼 하늘 바라보며 평화와 여유로움을 즐기면서 예쁜 붕어 한 마리 기다리던 풍경은 오래전의 역사로 남는 듯하다. 그런 자연의 여유로움을 즐기는 물가에서의 낚시는 이제 점점 잊히고 있다. 대물낚시, 생활낚시, 손맛낚시, 레저 스포츠의 장르로 다양하게 확대되어 가는 현대 낚시계의 변화를 보면서 선대에서 가르침이 이어졌던 '무위자연'의 철학이 조금이나마 남아 있었던 60년대에 낚시를 배운 이들의 안타까움은 나만의 느낌은 아닐 것이다.

최근 낚시 인구가 급격하게 증가했다. 이에 따라 낚시 대상어도 다양해졌는데, 자신이 원하는 물고기가 아니라고 바위나 풀밭으로 던져지는 작은 생명체, 예를 들면 복어, 놀래기, 피라미, 가시고기 등을 흔하게 볼 수 있다. 이는 인간이 물속의 작은 생명체에게 가져야 하는 생명으로서의 귀중함을 망각한 처사이며 생명 경시 풍조이기도 하다.

자신이 원하던 종이 아니라고 해서 육상으로 내동댕이치는 행위도 나쁘지만 귀중한 생명체를 노리갯감으로 치부하는 낚시도 그 문제는 비슷하다. 수도권에 많은 관리 저수지에는 인위적으로 수집한 대상어나 외국에서 수입한 어류를 저수지(관리지)에 넣어 두고, 잡이터와 손맛터로 구분하여 낚시로 잡고 놓아주기를 반복

여름철 고수온기 독도 연안에 출현하는 파랑돔(독도 삼형제굴바위, 2017년 9월)
ⓒ신광식

바다의 피라미로 취급받는
인상어

낚시를 하다 보면
깊은 수심에서 갑자기
수면으로 올라와 입으로
부레가 튀어나왔다고들
하지만 입과 부레가 직접
연결되어 있지 않은
볼락은 부레가 아닌 위가
밀려 나와 뒤집혀 돌출된
것이다. 이런 경우 다시
놓아주려면 부레의 공기를
빼 주어야 한다.

하는 곳도 있다. 이런 곳의 붕어들은 낚시에 걸었다가 놓아주곤 하는 반복된 행위로 인해 입가가 너덜너덜해져 있다. 단순히 인간의 손맛(말초신경 자극 행위)을 위하여 좁은 수면에 넣어진 붕어에게는 못할 짓이란 생각이 들 때가 있다. 붕어를 한낱 미물로 보는 이가 있는가 하면 자연에서 만나는 친구로 생각하는 이들도 있다. 이것은 순전히 개인적인 철학 문제이기는 하지만, 짜릿한 손맛을 위한 노리갯감(?)이라기보다 한 생명체로서의 존재감에 더 큰 의미를 주어야 할 것 같다.

만약, '캐치 앤 릴리즈'를 모토로 하는 낚시 장르를 인정한다면, 물고기 피부 점액의 과학적인 역할을 이해해야 한다. 어류는 인간의 눈에는 미물로 보일지라도 수계에서는 가장 진화(분화)된 척추동물이다. 낚시 대상어로 즐기는 과정에서 이들의 피부 생리를 무시하고 아무렇게나 잡았다가 놓아주곤 하면 그 과정에서 받은 상처 때문에 수중에서 2차 세균 감염으로 질병을 얻고 병이 들어 천천히 사망할 수도 있다. 따라서 잡고 놓아주는 과정에서 어류의 건강을 지켜주기 위해 알아야 할 기본 지식이 있다. 어류의 피부는 비늘로 덮여 있다고 하지만 사실은 비늘을 보호하는 점액질이 가장 외부에 있다. 이 점액질은 외부의 기생충, 병원체로부터 물고기를 보호하고 있는데, 점액질이 벗겨지면 수계의 수많은 병원균에 노출되고, 결국 피부병으로부터 치명적인 질병의 2차 감염까지 이어지는 경우가 허다하다. 장갑을 끼지 않은 부드러운 손으로 살짝 잡았다 놓아주는 것이 물고기의 입장에서는 자연으로 돌아가서 생명을 유지하는 데 큰 도움이 된다.

예를 들면, 목장갑을 끼고 붕어 낚시를 해 보면 많은 수를 잡지 않아도 미끌미끌한 점액질로 범벅이 되는 것을 느낄 수 있다. 이 점액질은 수중의 디스토마 유충이 몸에 들어오지 못하게 하는 물질들을 갖고 있어, 건강한 붕어와 잉어에게는 간디스토마가 없다. 즉, 몸을 덮고 있는 점액이 외부의 병원체로부터 몸을 보호하는 중요한 1차 방어선인 것이다. 사람이 장갑을 끼고 잡았다가 놓아주는 행위에서 점액질이 파괴되면, 수중의 많은 병원체들로 인하여 여러 가지 질병이 발생할 수 있고, 사망에 이르기까지 하는 것이다. 이런 사실을 고려했을 때, 어차피 처음부터 잡았다가 놓아주려고 하는 낚시를 한다면 목장갑은 피하는 것이 좋겠다.

노트에 담긴 숙제 :
교과서에 나오지 않는 물고기 세계

교과서는 교과서일 뿐이다. 책에 나오는 단편적인 지식을 외우는 것만으로는 자연을 충분히 이해할 수 없지만 자연의 원리를 터득하면 많은 것들을 이해할 수 있게 된다. 수학의 공식이나 물리의 원리와 같은 것은 자연에 있다. '왜 이렇게 생겼을까?' 하는 의문을 갖게 되면 오랜 시간에 걸쳐 진행된 진화의 과정은 굳이 외우지 않더라도 조금씩 이해된다.

학생 시절부터 물고기를 공부하기 위해서 들여다보았던 교과서들, 어류학 총론과 생물 통계학 등을 통해 바닷속 세계를 객관적인 시각으로 바라보면서 이해해 나가는 데 도움을 받았다. 대학원 시절에 이 두 과목은 학부 강의시간에 청강생으로 다시 들어가서 한 번 더 공부를 했었다. 당시는 교과서를 외우고 이해하기에 바빴던 것 같고, 오랜 시간을 바닷속에서 보내고 나서야 비로소 교과서의 많은 지식도 이해만 하면 자연스럽게 의문이 풀릴 수 있다는 것을 깨닫게 되었다. 탄탄한 기본 교육과정이 바탕이 된다면,

모래 바닥에서 먹잇감을 찾는 쥐치(일본 사도섬, 2012년 10월)

바다에 대한 이해는 더 빨리 이루어질 수 있을 것이다. 하지만 물속을 직접 들어간다면 교과서에는 없는, 놀라운 물고기의 생태를 볼 수 있다.

흔히 '돌돔은 수중 암반이 잘 발달한 곳에서 살면서 갯지렁이, 게, 성게, 조개 등을 부수어 먹으면서 산다'고 알려져 있다. 나는 독도 생태연구를 위해 일본 서해안의 섬 연안에서 몇 년간 잠수조사를 하였다. 다이버와 혹돔이 어울려 30여 년간 함께 친하게 지내고 있는 곳이었는데, 수중에서 모래바닥을 뒤지고 있는 감성돔, 쥐치, 돌돔을 볼 수 있었다. 물론, 몇 년에 걸쳐 관찰한 예이다.

쥐치는 작은 입으로 해조나 딱딱한 암반에 붙어 있는 작은 먹잇감을 쪼아 먹는 것으로 알고 있었던 나에게 모래 바닥에서 입으로 물을 내뿜어 모래를 파면서 먹이를 찾는 모습은 매우 낯설게 보였

모래를 입으로 불어서 먹잇감을 찾는 돌돔과 그 옆에서 먹이를 기다리는 황놀래기
(일본 사도섬, 2015년 11월)

모래 바닥을 파면서 먹이를 찾는 감성돔(일본 사도섬, 2016년 11월)

다. 25cm 정도 크기의 돌돔과 30cm가 넘는 감성돔들이 그러한 행동을 같이 하면서 모래 바닥에서 먹이를 찾고 있는 것을 보았다. 우리가 교과서를 통해 알고 있던, 물고기들이 먹잇감을 찾는 습성과는 많이 다를 수 있음을 느꼈다. 돌돔, 감성돔답지(?) 않은 행동이었다.

물속에서 연구를 하는 나에게는 이런 것들이 너무나 재미있는 광경으로 기억된다. 먹이를 찾기 위해 턱 밑의 수염을 열심히 흔들면서 모래 속을 뒤지는 노랑촉수의 행동을 쥐치, 돌돔, 감성돔이 같이 하고 있는 것을 보면서 신기하기도 했지만 한편으로는 수중 세계에서 다양한 모습으로 살고 있는 각 종의 행동이 인간과 닮았다는 생각이 들었다. 이렇게 살기도 하고 저렇게 살기도 하는 것이다. 강한 앞니를 가진 돌돔이라고 모래를 뒤지지 말라는 법은 없고 감성돔이라 해서 모래를 파지 말라는 법도 없는 것이다.

감성돔은 암반에 주로 살면서 갯지렁이, 새우, 게 등 육식성 먹이들을 먹는다고 알려져 왔지만, 감성돔도 잡식성이라 남해안에서는 수박으로 감성돔을 잡았다는 이야기도 있었다. 최근 낚시에서는 잡어를 피하려고 민물 떡밥처럼 미끼(경단)를 만들어 사용하고 있다. 벵에돔 빵가루 미끼처럼 반죽을 한 떡밥 미끼로 감성돔을 잡고 있는 것이다. 아마 이런 떡밥 미끼는 감성돔에게는 새우 냄새가 나는 콩으로 보일 것 같다. 이러한 생태학적 행동들은 교과서에서는 찾기 힘들다.

제주도 문섬에서 생태 조사를 할 때 본 것이 떠오른다. 따뜻한 바다를 좋아하는 놀래기류의 종류와 개체수가 많은 제주도이다. 문섬에서의 잠수는 대개 문섬 본섬 옆의 작은섬(새끼섬)에서 이루어지는데 입수하는 곳은 본섬과 새끼섬 사이의 수심 15m 정도의 물골이다. 직벽으로 이루어진 이곳은 바닥까지 내려가고 잠수를 마치고 올라오면서 감압하는 과정에서 해양생물들을 관찰할 시간이 많다.

하루는 직벽 수심 약 3~4m에서 감압을 하고 있었는데 용치놀래기가 입에 작은 게를 물고 있는 것을 보았다. 손톱만 한 게는 비록 크기는 작지만 놀래기의 뾰족하게 생긴 작은 입에 비하면 상대적으로 크게 보였다. 작은 입으로 물고는 있지만, 부수기에는 턱의 힘이 약하고 삼키기에는 게가 너무 큰 것 같았다. 나는 놀래기가 어떻게 게를 놓치지 않고 먹이로 먹을지가 궁금해지기 시작했다. 놀래기는 순간 직벽으로 붙어서 머리 쪽 몸을 크게 좌우로 흔들어서 게를 직벽에 부딪히게 하였다. 게는 직벽에 부딪혀 깨졌고 놀래기는 조각난 몸통을 하나씩 쪼아 먹었다. 육상의 진화된 동물들만 도구를 사용하는 줄 알았지만, 바닷속 놀래기가 머리를 좌우로 흔들어 암벽에 먹잇감을 내리쳐 부수어 먹는 장면은 놀라웠다. 오랫동안 잊히지 않는 용치놀래기의 행동이었다. 이가 없으면 잇몸으로 산다는 말이 있듯이 물속에서 헤엄치느라 지느러미를 가지고 있는 물고기들은 그들만의 방식으로 먹이를 먹었다. 물속에서 직접 보지 않았으면 상상하기 어려운 장면이었다.

사람은 얼마나 가까이에서 어류들을 관찰할 수 있을까? 사람이 물고기를 잡지 않고 먹이를 주거나 해양공원처럼 보호하면 물고기는 사람과 매우 가까이에서 자연스럽게 지낼 수 있다. 미국 로스앤젤레스 앞바다의 카탈리나섬 연안 다이빙 포인트에서는 캘리포니아 돗돔, 혹돔을 만났다. 호주 캐언즈에 3박 4일 코스로 떠난 호

호주 대보초(cod hole)의 포테이토그루퍼와 함께(2007년 8월) ©이혜경

혹돔과 함께(일본 사도섬, 2011년) ©현지 가이드 Sato

나폴레옹피시와 함께(호주 대보초, 2012년 11월, EBS 세계테마기행 촬영 중)

주 산호초(대보초) 잠수여행에서는 사람만 한 포테이트그루퍼와 어깨동무를 하고 먹이를 주었다. 일본 사도섬의 혹돔과 센카쿠 해양 공원의 선착장 앞에서 만난 40~50cm급 감성돔 떼 등 다양한 곳에서 보지 않고는 믿기조차 어려운 대형 물고기들과 귀중한 만남을 하기도 했다.

내가 20여 년간 통영시 연안에서 바다목장 연구를 진행해 오면서 만났던 볼락, 조피볼락 들의 이야기들도 조금 해볼까 한다. 인공어초에 새카맣게 모여 있는 볼락의 수중사진을 찍으려 플래시를 터트리면 떼를 지어 얼굴 쪽으로 몰려들어서 사진기를 휘둘러 앞쪽으로 쫓은 후에 사진을 찍곤 했다. 사람이 자신들을 해치치 않는다는 것을 인지한 물고기들은 다이버 장비를 차고 수중으로 내려온 사람에 대한 호기심을 나타냈다.

호주 대보초(Cod hole)의 포테이토그루퍼는 30여 년 전부터
다이버들과 친한 사이였다. 이러한 인간과 물고기가 교감하는 모습은 90년대 중반
우리나라 바다목장의 '관광형·체험형' 모델의 기초 아이디어가 되었다.

    수중에서 물고기 관찰을 오랫동안 하다 보면, 지금까지 알려진
수중세계와는 다른 재미있고 신기한 이야기가 나온다. 교과서에
없는 흥미롭고 신기한 바닷속 이야기가 사람들에게 널리 알려지
길 기대해 본다.

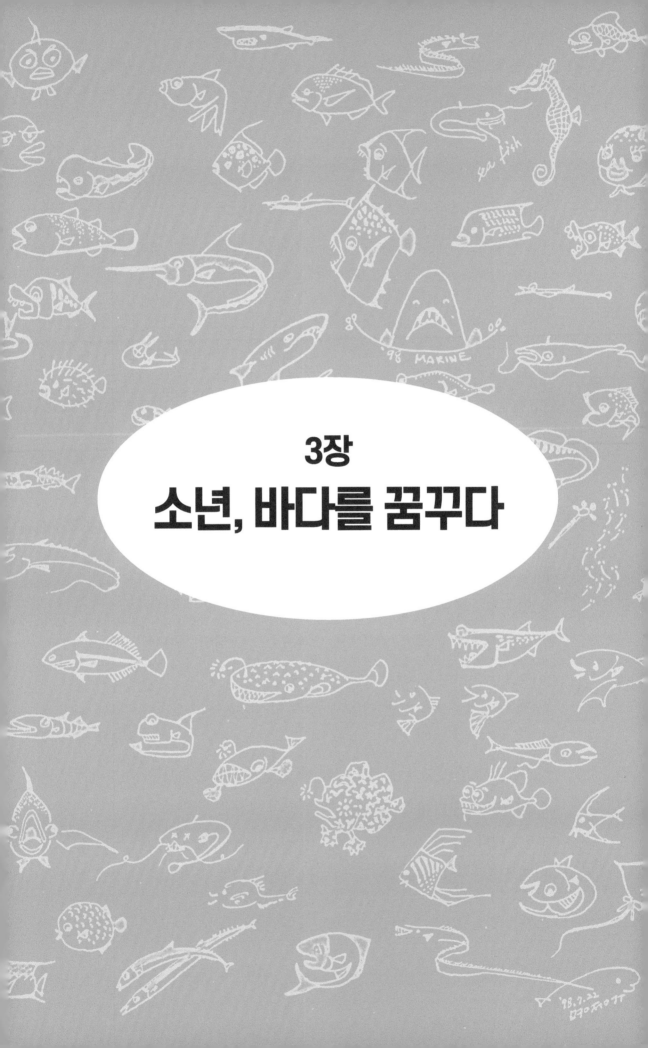

3장
소년, 바다를 꿈꾸다

내 젊음의 빈 노트엔

"검푸른 파도 삼킬 듯 사나워도 나는 씩씩한 바다의 사나이, 흙냄새 그리울 땐, 항구 찾아 헤매고 사랑이 그리울 땐 파도 속에 뛰어든다. 아! 사나이. 한평생. (…)." 〈나는 바다의 사나이〉라는 노래를 대학 1학년 때 선배에게 배웠다. 지금도 흥얼거릴 때면 힘이 솟는 노래이다. 당시 부산 대연동에 위치한 수산대학교는 운동장과 용호만 갯벌이 닿아 있었다. 바닷가 잔디밭에는 원양어장을 개척하다가 운명을 달리한 선배들의 영혼을 모신 '백경탑'이 서 있었다. 5월의 백경제 기간이 되면 늘 그 탑 앞에서 엄숙한 묵념을 한 후 모든 일정을 시작했던 기억이 난다. 학창시절에는 한적한 캠퍼스 바닷가에서 축구공을 굴리고 잘 쓰지도 못하는 글도 쓰곤 했다. 지금은 그 바닷가가 매립이 되어 교정의 건물이 더 들어서고 아파트 단지, 광안대교까지 세워져 그때의 모습은 찾을 수 없다.

70년대와 80년대 초에 대학교, 대학원 생활을 하던 때는 꿈꾸었던 대학생활처럼 바다에만 몰입해서 공부하기에는 어려웠다. 우선

갑작스런 집안 사정으로 인해 대학을 4년 만에 서둘러 졸업해야 했었기에 군을 다녀와 복학하려던 계획을 접고 학군장교(ROTC) 과정에 들어갔다. 당시 받고 있었던 장학금과 가정교사 아르바이트를 계속하여 등록금을 맞추면서 졸업을 하는 것이 좋겠다고 판단했기 때문이다. 그렇게 4년 만에 학교를 졸업하고 바로 군생활을 하였다. 2년 4개월의 군대생활을 마친 후, 고향 부산으로 돌아오면서 몇 년 사이에 스스로 늙어버린 것 같다는 생각을 했다. 가장 먼저 날 반겨 주었던 장소는 자갈치시장과 다대포 앞 크고 작은 섬들이었다.

1981년 가을 어느 날, 나는 부산 다대포 앞바다의 조그만 섬 꼭대기에 앉아서 지나가 버린 대학생활 4년과 군 생활을 모두 잊고, '물고기 학과'에 입학한 기분으로 대학원 생활을 시작하기로 다짐했다. 그래서 직장 걱정은 접어두고 평생을 바닷속에서 물고기를 만나서 연구하며 살아가고 싶다는 꿈을 다졌다. 나는 지금도 다대포 앞바다 큰 쥐섬 옆에 있는 동섬이라는 조그만 바위섬(그때는 '아들딸섬'이라 불렀다)을 '나의 섬'으로 생각하고 있다.

당시 복학생 생활을 하고 있던 동기들은 나의 어류학 실험실 선택을 우려했다. '어류 형태 분류'를 전공해서는 졸업 후 취업문이 좁을 것이라는 조언과 함께 걱정을 해 주었다. 그러나 79년부터 81년까지 격동기 동안 보병 장교로서 군생활을 하면서 느낀 것은 '내가 좋아하고, 하고 싶은 일을 하면서 살아야 한다'는 것이었다.

대학원에 입학하여 어류학 실험실에 들어가게 된 나는 학교 실험실에서 먹고 자면서 석사과정을 보냈다. 크리스마스도, 연말과 새해 아침도 학교 실험실 책상 위에서 자고 일어났다. 실험실에서 인공 수정시킨 노래미 알의 발생 과정을 현미경으로 지켜보며 신기해하던 때가 엊그제 같다.

당시 해운대 동백섬 앞에 있었던 대학교 임해연구소에서 바닷물을 운반하고 바닷물고기를 잡아와 실험실에 만든 바다어항에서 키우기 시작했다. 어릴 때 낚시로 잡고 놀았던 노래미를 잡아다가 알을 수정시켜서 새끼를 부화하는 과정을 지켜보면서 흥분했던 기억은 지금도 생생하다. 당시 노래미, 학꽁치 등의 알을 실험실에서 부화시키면서 24시간 그 곁에서 현미경과 함께 보낼 수 있었던 시간들은 너무나 즐겁고 가슴 뛰었던 순간이다. 지금 돌이켜 생각하면 석사과정 2년이 나의 인생에서 가장 즐거웠던 연구 생활이었다. 그 즐거웠던 시간은 빨리도 지나갔다.

1984년 2월, 대학원에서 석사과정을 마친 나는 전혀 생각지도 않았던 한국과학기술원(KAIST) 부설 한국해양연구소(KORDI)에서 근무하게 되었다. 1년 이상을 통영, 삼천포에서 현장 파견생활을 하다가 그 후로는 연구소가 있던 서울과 통영을 오가면서 연구원 생활을 하였다. 몇 년 뒤 안산으로 연구소가 이전하였고 부산으로 재이전할 때까지 30여 년간 통영, 삼천포, 경기도에서 살았다. 부산으로 다시 이전한 뒤로는 고향에서 마지막 연구원 생활을 하고 있다.

해양연구소에서 일하며 접한 첫 연구사업은 바닷물고기 양식 프로젝트였다. 80년대 중반 바다어류 양식 산업이 서서히 발달하고 있을 때였다. 그때부터 전공과는 거리가 먼 어류양식 연구사업을 11년간 하였다. 1995년에 노르웨이 북쪽 도시의 트롬소 대학 수산연구소에 가서 1년간의 박사 후 과정을 마칠 때까지였다. 당

박사 후 과정으로 1년긴
머물렀던 노르웨이
수산연구소의 가두리
위에서 트롬소대학
실습생과 함께(1996년
1월 해가 뜨지 않는
낮에)

실험양식을 위해
미국에서 수입한 은연어
발안란(1987년)

해상가두리에서
양식한 은연어(상)와
무지개송어(하)

시 KORDI 연구원은 국가가 필요로 하여 주어지는 연구 사업을 할 수밖에 없는 상황이였고, 나 역시 30대를 그렇게 보내야 했다.

어릴 때 꿈이었던, 해양생물학자로서 바닷속에 들어가 연구를 할 수 있게 된 것은 40대가 되어 '바다목장화 연구사업'이 시작되고 난 후였다. 십여 년간 양식 관련된 사업들을 하면서 참돔, 방어 외에 은연어, 왕연어, 대서양연어, 무지개송어, 스틸헤드송어 등을 민물과 바다에서 키우는 연구를 했고, 그 인연으로 수산대 박사과정에 들어가서 우리나라 연어 개체군의 형태적인 특성과 동위원소 특성을 밝혀서 1992년에 이학박사학위를 받게 된다. 양식연구 사업을 하고 형태학으로 이학박사학위를 받으면서, 30대를 함께 해 온 양식(aquaculture) 연구와 헤어졌다.

10여 년간 계속된 어류양식 관련 연구 사업은 연구원으로서 내게 주어진 임무였다고 늘 생각하였다. 연구실 책장에는 대학교, 대학원 당시의 노트와 책들이 항상 꽂혀 있었다. 어류양식 연구를 할 때는 펼쳐 볼 기회가 많지 않았던 어류학, 무척추동물학, 해양생태학 등의 내용이 담겨 있었다. 이 노트들은 당시 학교생활을 생각나게 해 주었고 언젠가는 내가 바라는 분야의 연구 과제를 할 수 있을 것이라는 믿음도 주었다. 지금까지 여러 대학에서 10여 년간 전공 강의를 할 때도 이 노트들은 도움이 되었다. 어류학 노트는 지금 들여다봐도, 그때 내가 물고기를 어지간히도 좋아했었나 보다 하는 게 느껴진다. 늘 바다와 물고기를 그리워했던 흔적처럼 생각된다. 악필이었던 나는 어류학 노트만큼은 한 글자 한 글자씩 꼼꼼하게 써 두었다. 어류학 책의 마지막 부분까지 같은 글씨체로 정리해 둔 것이다.

학교를 떠난 뒤, 책에는 나오지 않는 많은 바닷속 물고기 이야기들을 경험하게 되었다. 하지만 어류학 교과서에 담긴 지식을 은사님으로부터 배우면서 노트했던 추억의 시간이 나에게는 더욱 귀중한 시간이었다. 이 노트는 내가 바다에서 물고기 공부를 할 수 있도록 믿음을 준 애정 어린 소장품이 되었다.

바다를 사랑한 소년,
해양생물학자가 되다

1960년대부터 부산 영도 태종대, 청학동, 다대포 연안을 돌아다니면서 낚시를 했고, 여름이면 질이 좋지 않았던 고무줄로 이어진 수경을 쓰고 바닷속을 들여다보며 놀았다. 공부보다는 물속이나 물가에서 노는 것이 더 즐거웠던 시절이었다.

영도 바닷가의 돌 아래에 숨은 '쫄장어(표준명 그물베도라치)'를 낚시로 잡고는 이름을 알고 싶어서 물고기 도감을 찾으러 보수동 헌책방골목을 다니던 기억이 난다. 바다 생물들에 관한 이야기가 실린 제대로 된 도감이 없었던 시절이라, 보수동 뒷골목을 샅샅이 뒤졌지만 원하는 도감은 찾아볼 수 없었다. '베도라치'라는 이름이 붙은 그림으로 된 책자를 한 권 발견했지만, 연안의 망둥어류나 그물베도라치 같은 작고 가치가 없었던 종은 책에 나오지 않았다.

아직도 기억에 남아 있는 물고기 중에 망상어가 있다. 지금은 태생어라는 사실이 널리 알려진 종이지만 '물고기는 알을 낳는다'라는 게 상식이었던 시절에는 새끼를 낳는 물고기가 있다는 사실 자

1960~70년대 부산에서는 쫄장어라 불리던 그물베도라치

1960년대 낙동강 수로 개펄 위를 뛰어다니는 말뚝망둑은 나를 흥분시켰다.

체가 마냥 신기하였다. 삼촌을 따라서 김해 수로로 붕어 낚시를 다닐 때 개펄 위를 '뛰어다니는 물고기(표준명 말뚝망둑)'를 보고는 너무 신기해서 이름을 알고 싶었지만, 알 수 없었던 기억도 있다. 당시에는 어린이들이 쉽게 접할 책들이 너무 귀했기 때문이다.

그렇게 쌓인 아쉬움이 사진만 봐도 쉽게 물고기를 알아볼 수 있는 일반인용 어류도감을 만들어야겠다고 생각하게 된 계기가 되었다. 2000년 다락원에서 발간한 『우리바다 어류도감』은 내 어린 시절의 아쉬움을 지금의 어린이들은 경험하지 않았으면 좋겠다는 마음에서 만든 작은 물고기 도감이다.

물속에 들어가서 해양생물을 공부하는 사람이 되고 싶었던 중학생 시절, 내 꿈은 당시 우리나라에서 수입한 극장판 해양 다큐멘터리영화를 보면서 구체화되었다. 그때, 쿠스토의 유명한 작품인 〈태양이 비치지 않는 세계〉를 비롯하여 〈해저의 생과 사〉, 〈백상어〉 등 자연다큐와 〈해저 2만리〉 같은 공상과학 영화들이 부산의 대형 극장에서 개봉했다. 어머니는 형제 중 유독 바다에 관심이 많았던 나에게 이런 영화들을 보여주었고, 관련 내용을 친절하게 설명해 주셨다. 〈해저 2만리〉는 90년대 말에 우리나라의 대형 연구과제로 시작되었던 '바다목장'의 꿈을 보여준 영화이기도 하다. 산호초가 발달한 투명한 바닷속에서 스쿠버다이빙을 하면서 설명해 주는 백발의 해양생물학자는 당시 꿈꾸었던 미래의 내 모습이기도 했다.

그러다 대학교에 다닐 때 기회가 왔다. 1977년, 내가 대학 3학년이던 당시 우리나라에는 잠수 교육기관이나 프로그램이 따로 없었는데, 해외 취업을 위해 '스쿠버다이빙'을 배우는 선배들이 있었다. 그 과정은 외국에서 잠수교육을 받았던 홍성윤 교수님이 직접 가르쳐 주기로 하셨는데, 나는 교수님을 찾아가서 이 대학교를 선택한 이유와 어릴 때의 꿈을 얘기했다. 졸업하기 전에 잠수교육을 받고 싶다는 의지를 강하게 전한 끝에 허락을 받아, 선배들과 함께 교육을 받을 수 있었다. 그때 수산대학교의 해양연구소가 해운대 동백섬에 있었는데, 그곳에서 방과 후 약 보름간의 스킨다이빙 훈련을 한 후 공기통을 메고 첫 잠수를 했다. 당시에는 공기탱크도 귀하던 때인데, 교육생 중 제일 어렸던 나는 가장 먼저 첫 잠수 기회를 얻고, 해운대 물속에서 하늘을 쳐다보는 환상의 체험을 하게 되었다. 선배들 틈에 끼어서 배웠던 잠수기술은 (그 후 대학원 과정에서 한 번 더 배웠지만) 지금까지 내가 물고기를 연구하는 데 중요한 수단이 되었고, 과학 잠수를 통한 수중생태 연구에 기본 기술이 되었다.

1960년대 어린이들이 많이 읽었던 『소년세계』라는 어린이 잡지가 있었다. 그 잡지에 나온 만화 중에 돌고래가 바닷속에서 여러 종류의 물고기들을 관리하면서 키우는 장면이 있다. 마치 양치기가 양 떼를 몰고 다니듯 바닷속에서 돌고래가 물고기들을 키우고 관리했던 것으로 기억한다. 그 모습은 어린 내 눈에 무척 신기하게 보였고, 앞으로 그렇게 될 수도 있겠구나 하는 생각을 가지기도 했다. 물론 아직도 꿈같은 얘기긴 하지만, 90년대 중반 시작된 시범 바다목장화 사업의 뿌리가 되어준, 아주 그럴듯한 만화였다. 생각해 보면, 수산물 소비량이 세계 1, 2위를 기록하는 우리나라에서 좁은 연안의 수산자원을 체계적으로 관리하는 것은 그리 쉬운 일이 아니었을 것이다. 지금은 다행히 없어졌지만, 당시에는 어린 고

20여 년간 바다목장의 물 속 조사를 항상 같이 해 준 사진기를 들고서
(KIOST 해상과학기지)

기까지 씨를 말린다고 알려졌던 '고대구리(소형저인망)'가 수산자원을 고갈시키고 있었고, 바다의 생산성 유지를 위한 최소한의 수산자원을 남기지 않고 과도하게 많은 양을 잡는 '남획'으로 이어져 수산자원 기근 현상까지 나타났다. 반면, 개인 소득이 점차 늘어난 우리나라 국민들의 수산물 먹거리 고급화 바람은 급기야 우리나라 연안에서도 서식하는 참돔이나 멍게를 일본에서 수입할 수밖에 없게 만들었다.

70년대부터 어린 고기 방류와 고기 집(인공어초) 사업을 추진해 온 정부의 노력은 90년대 들어와 그 효과를 증대시키기 위한 바다목장 사업으로 발전했다. 바닷속을 들여다보는 게 일상이었던 나는 일본의 해양목장화 사업과는 다른 우리나라 바다에 맞는 바다

수온이 20℃로 상승하는 6월 말이면 모두 수확해야 했던 은연어
(경남 통영시 저도 연안 KIOST 해상실험가두리)

목장 모델을 해역별로 고안해서 제시했다. 동해의 관광형, 서해의 갯벌형, 제주도의 체험형, 남해의 어업형 모델이 1994년부터 3년 간의 '해양목장화 기반연구 사업'을 통해 해역별 바다목장 모델로 제안되었다. 동해의 '관광형' 모델은 인위적인 수산자원 증식이 다른 해역보다 어렵다고 판단된 동해안에서 보다 효율적으로 인공어초사업비를 투자하기 위해 수정된 안으로 제시한 것이었다. 아무튼 3년간의 해양목장 기반 연구 결과를 토대로 정부는 1998년부터 2013년까지 약 1,500억 원의 예산을 들여 전국 연안 5개소에서 '시범 바다목장화 사업'을 추진하게 되었다. 해양환경과 수산자원 특성이 각각 다른 동해, 서해, 남해와 제주도 연안에서 각 연안의 환경 특성과 자원 현황에 맞는 방류사업과 인공어초 사업 및 관리

방안이 세워져야 한다는 게 내가 제안한 모델의 핵심이었다.

　대형 연구사업을 추진해 오면서, 바다를 대상으로 추진하는 연구사업은 무엇보다 사전 조사가 충실하게 이루어져야 한다는 것을 깨달았다. 특히, 필요한 분야의 전문 인력이 반드시 있어야 하는 것이나, 연안에서 사는 어민들과 지역 주민들의 협조 없이는 어떤 좋은 계획도 장기적으로 목표를 달성하기가 어렵다는 것도 바다목장 연구를 통해 느꼈다.

　가장 먼저 시작된 경남 통영시 앞바다의 '통영바다목장화 사업'은 1998년부터 2007년까지 9년간의 사업을 마치고 이후로는 어민들과 자지체(통영시, 경상남도)가 관리한다. 나를 비롯한 연구팀은 지금도 여전히 해당 지역에서 잠수 조사에 필요한 과학적인 연구 활동을 하고 있다. 어릴 적 꿈이었던 '과학잠수를 하는 해양생물학자의 꿈'은 긴 과정을 걸쳐서 결국 이루어졌다고 나는 생각한다.

20대의 물음,
60대의 답변

"선장님, 이 일은 선상님까지만 하시고 자식에게는 같은 일 물려주지 마십시오."

30대 때 녹동항 식당에서 우연히 만난 고대구리(불법어업) 선장 부부에게 내가 한 말이다. 선장 부부는 정부가 몇십 년간 부정어업 방지 운동을 벌였지만, 그 효과가 별로 없다고 했다. 생계를 위한 그 부부의 불법어업 행위를 바다를 연구하는 젊은 연구원의 입장에서 이해하기는 어려웠다. 하지만 그 일에 생계가 달린 부부는 어쩔 수 없다 해도, 그 일을 자식 세대에게 넘기지만 않아도 몇십 년 안에 우리 바다를 풍요롭게 할 배경은 마련되리라 생각해서 그런 말을 건넸다.

이처럼 20, 30대에 언젠가는 가능하리라 생각했던 몇몇 일들 가운데 아직도 이루어지지 않은 게 많다. 그때는 얼마나 시간이 걸릴까? 하는 의문을 품었지만, 예순을 넘긴 지금은 오히려 '좀 더 기다리며, 더 노력을 해야겠다'라고 생각한다. 바꾸어 얘기하면 '생을 마치기 전에는 고쳐지지 않을 것 같은 일'들을 마주하는 것에 크게 동요하거나 기분 상하는 일이 점차 줄어들고 있다고 볼 수 있다. 바다에 관련된 고민과 해결도 생각보다 오래 걸릴 것 같다는 생각이 든다.

1975년, 수산 관련 공부를 시작한 이래로 수많은 시간을 '바닷속'에서 보낸 나는 바다를 대상으로 하는 일들은 다른 어떤 것보다도 천천히, 그리고 꾸준히 장기적으로 진행해야 한다고 생각한다. 누군가는 "왜? 좋은 계획인데, 당장 실행해 버리면 안 되냐"라고 할지 모른다. 하지만 내가 살펴온 바다는 그렇지 않다. 지난 수십 년간 우리나라에서 이런저런 바다 연구를 하면서 깨달은 것이다. 육상에서 생활하는 인간들이 바닷속의 어떤 일에 나름 목표를 세우고 단기간에 달성하고자 추진하다 보면 엉뚱한 결과를 얻는 경우가 너무 많기 때문이다. 단기적인 목표 달성 자체를 포기해야만 장기적인 긍정적인 효과를 그나마 얻을 수 있다는 것이다.

바다에서 무언가를 하려 할 때에는 오랫동안의 자료가 축적되어 있어야 하고 복잡하게 얽힌 수중세계의 질서를 이해하려는 노력이 선행되어야 한다. 수중세계는 다양하면서도 오랫동안 진화해 온 생물로 가득 차 있으며 지금도 변하고 있는 복잡한 세계이기 때문이다. 바다가 지금과 같은 모습으로 존재하기까지 적어도 40억 년 이상의 시간이 걸렸고, 그 속에서 전 생활사를 보내는 해양 생물들도 짧게는 수천만 년에서 길게는 수억 년의 진화 과정을 거쳤다. 단순하게 먹을거리로 수산자원이 필요하였던 우리들의 짧은 생각과는 다른 세계이다.

'사자와 인간'에 관한 이야기가 있다. 한 우리에 사자와 인간을 넣어 놓으면 굶주린 사자가 인간을 공격할 것이다. 육식성인 큰 고기와 작은 고기를 좁은 어항에 함께 넣어 두면 큰 고기가 쉽게 작은 고기를 먹어 버린다는 것과 같은 의미이기도 하다. 그리하면, 바다에는 상어, 육상에는 사자와 호랑이 같은 힘센 종들만 남게 된다는 것이다.

바닷속 세계 역시 마찬가지다. 수많은 생물은 각각의 전략(?)대로 살아왔고 살아가고 있다. 플랑크톤은 그 모습대로 육식성 상어도 그 모습대로 수억 년을 살아 온 것이다. 수중세계에서의 다양한 생물종은 다른 종과 종의 관계뿐만 아니라 같은 종 사이에서도 어미와 새끼가 생태를 달리하면서 각각의 생존 전략대로 살아남는다. 해양생물이 종별로 각자의 생을 즐기면서(?) 사는지는 모르지만, 살아남기에 대한 전략만큼은 오랜 시간 거듭된 진화의 결과이며 바다라는 복잡하고 독특한 환경에서 생존하기 위해 오랜 세월을 두고 정밀하게 설계된 결과이다.

인간과 사자가 공존하듯이 수중세계에서도 절대 강자는 절대 약자를 멸종시키지 못했다. 20, 30대에는 잘 모르고, 이러한 '우리 안의 사자와 사람'의 이야기를 믿기도 했었다. 그런데 바다를 공부하면 할수록 수중세계에 대한 이해가 점점 어려워지는 경험을 하고 그와 같은 단순한 생각은 정답이 아니라는 것을 깨닫게 되었다.

2002년 『네이처(Nature)』에 '북태평양의 수산자원 80% 이상이 감소했다'라는 내용의 논문이 실렸다. 내로라하는 해양 선진국들이 수십 년간 수산자원 관리를 위한 어업협정을 맺고 관리한 바다에서 어떻게 그토록 많았던 수산자원이 그 수준까지 감소할 수 있었을까? 이는 우리 인간이 아무리 좋은 기기와 자료를 사용하여 바닷속의 자원을 예측하고 관리한다고는 하지만, 바닷속 세계의 실상을 정확하게 파악하고 관리하는 방안을 수립하는 데에는 어려움과 한계가 있다는 것을 보여주는 결과이다. 물론, 바다에서 아무것도 잡지 않고 그대로 내버려 둔다면 풍요로운 바닷속 세계는 유지되겠지만, 인구 증가와 소득 증대에 따른 수산물 수요 증가를 만족시키려면 결국은 바닷속 식량자원을 사용할 수밖에 없다. 수산 양식(aquaculture)이 전 세계적으로 빠른 기술 성장을 보이고는 있

작은 물고기들(전갱이 새끼)은 수산 양식의 먹이로 활용되기도 한다.

참다랑어를 1kg 성장시키는 데 먹잇감 소형어종은 10kg 이상이 필요하다 (KIOST 해상과학기지, 2008년 11월).

지만, 그 역시 많은 양의 값싼 물고기를 먹이로 주어서 적은 양의 특정 고급종을 생산해 낸다는 점에서는 문제가 많다. 즉, 값이 싼 소형어류들을 먹이로 사용해서 값비싼 돔, 연어, 참치 등을 키워 내는 과정에 지나지 않기 때문이다. 소형어종 7~14kg를 먹여야 고급어종 1kg이 생산된다. 고급어종의 먹이로 사용하는 소형어종들은 기아 문제를 겪고 있는 나라 국민들에게는 귀한 식량자원이기도 하다. 먹이 단백질원으로 소형 물고기를 주는 바다에서의 물고기 양식업은 그래서 양면성을 갖고 있는 것이다.

바닷속의 수산자원 관리에 실패했다는 논문 내용을 접하고, 최근 지구 온난화 현상까지 '바다세계 보존'에 어려움을 주고 있는 현실을 보면서 '바다는 인산보다 훨씬 더 긴 역사를 가진 자연 생명체'라는 것을 우리가 이해하지 않는다면, 앞으로도 북태평양 수산자원 관리 실패와 같은 어리석은 판단들을 하게 될 것이라는 생각을 한다. 조바심내지 말고, 단정하지 말고, 먼 훗날을 내다보면서 바다를 차근차근 이해하려는 노력이 필요한 시점에 와 있다는 생각과 함께.

독도에 빠진 이유

바다를 좋아하는 사람은 각자 나름의 이유가 있다. 나는 독도 바다를 특별히 좋아한다. 그 이유는 무엇일까? 우리나라 국민들의 마음속에 있는 독도에 특별한 의미를 부여하여 '독도는 우리 땅'이라고 하니까 좋아하는 걸까? 1997년부터 잠수를 시작하고 독도 연안 생태 연구를 하였는데 연구 자체에 의미를 부여하면서 자연스럽게 좋아하게 된 걸까? 첫 조사를 시작했을 때의 독도는 파도와 바람이 강해 연안 조사에서 겪지 못했던 위험과 경외심을 함께 느끼게 했던 섬으로 기억한다. 당시만 해도 독도 수중 탐사의 의의를 생각하면 무게를 알 수 없는 책임감 같은 것이 가슴에서 솟았다. 독도가 민족적 성지와도 같다는 생각에서부터 오는 것이었는지도 모른다.

당시 첫 조사를 진행하면서 우리나라에서는 그 어디에서도 찾아보기가 힘든 감태와 대황숲, 서도 어민 숙소 앞쪽의 산 73번지(혹돔굴) 속에서 쉬고 있는 덩치가 커다란 혹돔을 하룻밤에 네 마리

독도 수중생태 조사를 마치고 코끼리 바위 앞 대황숲에 누운 필자
(2014년, 8월) ⓒ신광식

여름철이면 열대 어종(파랑돔)들이 몰려오는 독도 연안은
난류와 한류가 만나는 동양의 갈라파고스라 할 만하다.

씩이나 만났다. 지천으로 널린 홍색 돌기해삼과 주먹보다 큰 소라들, 빨래판만 한 조피볼락, 맑은 동도 연안의 모자반과 미역 숲 등은 지금도 잊히지 않는 독도 바다의 첫 인상이다. 물론 그동안 많이 변하기도 했지만 아직도 독도 바다는 그 독특한 수중경관과 다양한 해양생물이 서식하거나 계절에 따라 방문하는, 아름답고 건강한 수중세계를 간직하고 있다.

수중경관이라는 단어를 처음 연구과제에 언급한 것은 2010년 당시 국토부 연구사업으로 해양환경관리공단(현재 해양환경공단)과 함께 수행했던 사업에서였다. 나는 당시 울릉도 연안 잠수조사를 실시하고 수중 경관에 대한 기초 조사를 하였으며, 향후 장기 모니터링을 위한 전문가와 일반인(현지 다이버)들의 조사양식까지 제시했다. 그때의 나는 호주나 미국의 해양보호구역 관리 체계(zoning plan)를 항상 부러워했기 때문에 주저하지 않고 그 과제를 받아 수행하였다. 당시 수중조사를 실시하면서 그린 연안 생물 분포도는 '생태지도'란 이름으로 독도 연구사업의 한 주제를 차지하게 되었다. 조사 결과물로 만든 그림 생태지도는 '2016년 울릉도 독도 국제초청 수중사진 촬영 대회'를 치르는 과정에 참가한 국내외 선수를 대상으로 촬영을 위해 잠수하는 정점에 대한 설명하는 데 유용하게 사용되었다.

연안 수중 생태조사란 분야는 각 분류군 전문가들의 학술적인 결과 축적과 그 결과를 정리한 정부 간행물 보고서나 학술지 논문으로만 남게 되는 경우가 대부분이었다. 그래서 일반인들이 울릉도나 독도의 수중생태 자료를 접하기에는 어려움이 많았을 것이다.

우리나라 연안의 다양한 환경특성을 고려하면 울릉도, 독도가 아니라도 생태적으로나 해양생물종 보존을 위해 중요한 해역이나 훌륭한 수중경관을 가진 곳이 많다. 하지만 수십 미터까지 훤히 들여다보이는 맑은 수중시야, 한류와 난류가 만나는 해역에 사는 온대성 어종은 물론 여름, 가을이면 파랑돔, 줄도화돔, 독가시치 등과 같은 아열대, 열대 어종을 쉽게 만날 수 있을 정도로 독특한 생물상을 가진 울릉도, 독도만큼 매력적인 곳도 없다는 생각이 든다.

중남미 사업의 일환으로 2014년도에 에콰도르 해양연구소의 요청을 받아 해양보호구역의 관리방안에 대한 공동 연구차 새로 지정한 해양보호 구역과 갈라파고스를 방문했다. 연구의 일환으로 그곳 연구원들과 갈라파고스의 산타클로스섬 연안에서 잠수조사를 실시했다. 생물학자라면 한 번은 가고픈 다윈 진화설의 본고장 갈라파고스섬이다. 다윈 박물관을 방문하고 길거리에 세워진 다윈 흉상 앞에서 기념사진을 찍었다. 1800년대 한 생물학자가 머물면서 당시 기독교 문화 사회에서 엄두도 못 내었던 생명의 진화론을 떠올린, 그 연구현장을 밟는 것은 아주 뜻깊었다. 아무튼 갈라파고스를 방문하여 에콰도르 해양연구소 연구원들과 잠수 조사를 해 본 결과, 한류와 난류가 만나는 갈라파고스는 독도와 매우 유사한 수중생태 특성을 갖고 있음을 깨닫게 되었다. 갈라파고스에는 동쪽에서 서쪽으로 흐르는 남부 남적도해류(South Equatorial Current), 남쪽에서 올라오는 페루해류(Peru current), 북쪽에서 내려오는 파나마해류(Panama current)가 만나고 서쪽에서는 깊은 수심

갈라파고스 연안에서 바다사자와 마주 보고 있는 필자 ⓒ명세훈

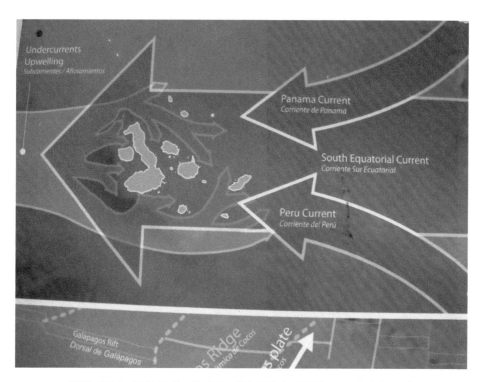

갈라파고스에서 만나는 차가운 페루해류와 따뜻한 파나마해류 그림

층에서 올라오는 용승류가 동쪽으로 흘러드는 복잡한 해양환경을 가진 곳이다. 북한한류와 동한난류가 만나는 독도 연안과도 유사한 점이 많았던 기억이 난다. 에콰도르는 적도에 위치한 나라이지만 연안에서 1300km 떨어진 갈라파고스 제도는 성질이 다른 두 해류가 만나는 독특한 환경 특성과 육지에서 멀리 고립된 지리적인 조건하에 온대성 생물종을 포함한 다양한 생태형의 해양생물이 서식하고 있다는 점이 흥미로웠다. 그곳에서 머릿속에 떠오른 독도의 바다를 생각하며 나는 귀국 후 '독도는 동양의 갈라파고스'란 표현을 조심스럽게 사용하기 시작했다.

갈라파고스의
다윈박물관 가는 길의
다윈(1809~1882) 흉상

바다를 지키는
일상의 노력

해양 선진국과 비교하면 상대적으로 바다에 관한 깊이 있는 교육의 기회가 적은 우리나라는 앞으로 이 분야에 관한 연구와 교육이 확대되어야 한다. 이것은 기본적인 상식처럼 몸에 배어 있어야 한다. 예를 들면, 차를 타면 안전벨트를 하는 것과 같은 것이다. 1980년대에는 우리나라 자가용 운전자들이 대부분 안전벨트를 하지 않았다. 당시 출장 중에 본, 어느 나라의 안전벨트 생활화는 신선한 충격이었는데, 이후 우리나라에서도 강화된 법과 교육 덕분에 현재 안전벨트 착용률은 당시의 방문했던 국가의 수준에 달한 것 같다. 이처럼 바다를 상대로 해야 할 상식적인 일도, 적절하면서도 강제적인 법과 꾸준한 교육을 통해 국민들의 이해를 높이면서 생활 습관화할 수 있도록 장기적으로 교육해야 한다.

바다 쓰레기 문제, 과도한 어업 활동과 부정어업 문제, 바다에서 하는 활동에 따르는 안전에 관한 교육 및 대책 마련 등에 관한 과제가 우리 앞에 있다. 그런데 이런 것에 우선하여 알고 있어야 할

게 있다.

　육상에서 버린 것은 언젠가는 바다로 흘러 들어간다. 연안의 환경을 인간의 편의성에 맞게 변형시키면 항상 원래대로 돌아가려는 자연 복구의 힘이 계속된다. 그러나 일정 이상의 힘이 작용하고 나면 그 복구 자체가 쉽지 않게 된다.

　육상동물과 마찬가지로 수중세계에서 살아가는 모든 생명체에게도 서로 간의 질서를 유지하기 위한 힘이 엄격하게 작용하고 있다. 즉, 한 가지 생물종을 집중해서 사용하면 나머지 생명체도 영향을 받게 된다. 따라서 수중 생태계의 균형을 이루고 있는 먹이사슬을 포함한 엄격한 질서 유지를 이해할 필요가 있다. 이와 같이 우리가 잘 모르고 무의식적으로 행하는 많은 육상에서의 행위들이 시차를 두고 바다에 쌓이면서 나쁜 영향을 미치고 있음을 깨달아야 할 것이다.

　1990년대 초, 참조기 생산 연구를 위해 추자도와 제주도 사이의 222해구에 자망 작업을 하러 다녔다. 하추자도에서 자망배를 타고 참조기를 잡기 위해 매월 그곳으로 나갔는데, 수심 120m 전후에 설치한 자망을 통해 잡히는 것은 참조기 몇 마리와 성게 종류인 '삼천발이' 그리고 소형 상어류 등이었다. 그런데 안타깝게도 가장 많은 양의 포획물은 쓰레기였다. 주로 라면이나 과자봉지 등이었는데, 당시 우리나라에서 유통되던 대부분 라면의 상표를 확인할 수 있었다. 어떻게 그 많은 양의 비닐봉지들이 수심 120m에 쌓이게 되었는지 정확한 물리적 메커니즘은 모르겠지만, 엄청난 양의 육지 기원 쓰레기들이 연안에서 수십 킬로미터나 떨어진 그 깊은 바다의 밑바닥을 뒤덮고 있다는 사실이 놀라울 뿐이었다. 매년 장

남해안에 쌓인 스티로폼. 남해안에는 양식 대상 어종을
수중에 매달아 기르는 수하식 양식장이 많다.

마와 몇 개의 태풍이 지나가면서 큰 비가 내리는 일이 반복되는 우
리나라 기상 조건을 고려해 볼 때 육상에서부터 쓰레기 처리와 관
리가 좀 더 철저하게 이뤄져야만 한다.

최근 문제가 되는 미세플라스틱과 스티로폼도 육상 쓰레기와
함께 바다에서는 큰 문제이다. 남해안의 굴 양식장은 현재 수만 헥
타르이고 이 중 대부분의 해상 양식시설이 표층 뜸틀로 스티로폼
을 사용하고 있다. 또, 굴을 수확하고 난 후 굴 껍데기와 굴 양식을
위해서 사용하는 가리비 껍데기를 묶은 플라스틱 끈 처리 문제도
생각보다 심각하다.

근래 플라스틱 관련 환경 문제들이 화두에 올라 있다. 최근 발표
된 논문에 의하면, 세계에서 가장 플라스틱 문제가 심각한 강에 한

제주도 연안의 스티로폼 조각과 쓰레기

강과 낙동강이 2, 3위로 지목되었다 한다. 한국이 미세플라스틱 문제가 가장 심각한 나라로 지목된 것이다. 인간이 100년 정도 편리하게 사용했던 플라스틱이 이제는 우리 지구의 환경과 많은 생명체들을 위협하게 되었다.

인구밀도가 높고 국토가 좁은 우리나라는 육상에서 생활하는 국민들이 조심하고 신경 써야 할 일과 바다에서 생산 활동을 하는 어민들이나 수산 사업가들이 정리해야 할 문제가 많다. 모두가 지금부터라도, 바다가 육상에 이어진 국토라는 개념으로 실현 가능한 일부터 해 나가는 노력과 국토 통합관리를 위한 종합 정책을 만들어 나가야 할 것으로 본다. 또, 육상과 연계된 바다 관리는 우리나라에만 국한된 문제가 아니므로, 서해를 낀 중국이나 동해를 낀 일본과도 해양 환경과 자원 관리를 위한 국제적인 협력 관계를 더 긴밀하게 구축해야 한다. 나아가 전 세계의 바다 환경이 안고 있는 문제들을 국제사회의 협력 등으로 보다 효율적으로 풀어 나가기 위한 노력도 뒷받침되어야 할 것으로 본다.

하루아침에 이 모든 문제가 해결되지는 않을 것이다. 이제부터라도 차근차근, 개인과 국가, 국제 사회의 노력을 모아야 지구의 건강한 바다를 오랫동안 인류 곁에 두고 볼 수 있을 것이다.

어시장과 나

나는 자연, 특히 바다와 물을 늘 그리워하면서 살았다. 물가에 가고 싶어도 갈 기회가 적었던 어린 시절에는 바다에 대한 호기심을 풀어 주는 곳이 어시장이었다. 출장이 잦은 연구원 생활에서 전국적으로 가장 많이 들른 명소(?)는 어시장이다. 30대부터 은퇴를 앞둔 지금까지의 30여 년간 지금도 지방으로 출장을 가면 여전히 가고 싶은 장소가 어시장이다.

물속에서 보고 싶었던 것을 물 밖에서 볼 수 있는 곳이 바로 어시장이다. 어릴 때 어머니 손을 잡고 부산 대신동 재래시장에 가 생선가게를 지날 때면 눈이 커져서 물고기들을 보기에 바빴다. 한번은 선친께서 '살이 빨간 고기를 사 오라'고 해서 시장에 혼자 심부름을 간 적이 있었다. 당시, 시장 생선가게에는 등을 갈라서 펼쳐 놓은 30~40cm 크기의, 붉은(주홍)살 생선이 가끔 나오곤 했었다. 우리나라 동해안에서 잡히는 연어류였는데, 그 종이 '연어'였는지 '시마연어(송어)'였는지는 정확하게 기억나지 않지만, 연어 형태학을 전공한 이론을 바탕으로, 크기와 살의 색깔 등을 미뤄 짐작해 보면 후자였던 것 같다. 초등학생이던 나는 물고기 살이 붉다는 것만으로 신기했다. 왜냐하면 부산 앞바다에서는 매년 낙동강을 거슬러 올라가는 연어들이 있었지만, 시내의 시장에서는 볼 수 없었고, 시마연어(송어)는 지금도 부산 앞바다에서 만나기 어려운 어종이기 때문이다.

어머니를 따라 자주 시장을 다니면서 보았던 생선가게의 물고기들은 늘 신기한 바닷속으로 내가 놀러오기를 기다리는 듯한 느낌을 주기도 했다. 생각해 보면 재래시장에서 그리 다양한 물고기들을 만나지도 못했던 것 같은데 어린 나는 늘 호기심을 가지고 시장을 방문했다. 그 후 성장하면서도 바닷가를 제외하고 육상에서 가장 가고 싶었던 곳은 어시장이었고 지금까지도 그 마음은 변한 게 없다.

수중세계에 대한 끊임없는 그리움과 호기심은 늘 바다를 찾게 했다. 다행히도 대학 시절에 배웠던 스쿠버다이빙 덕분에 바닷속에 들어가 해양생태 연구를 하는 해양생물학자로서의 생활은 더욱 흥미로웠다. 또, 이러한 연구원이란 직업과 취미 덕분에 국내외 어디를 가나 늘 어시장을 방문하는 즐거움도 계속 이어갈 수 있었다. 부산을 떠나 있었던 지난 30여 년 동안에도 부산에 오면 가장 먼저 가고 싶은 곳이 자갈치시장이었고, 낯익은 지방이건 낯선 지방이건 어디를 가든지 언제나 어시장을 방문할 때가 가장 즐거웠다. 어시장에서 만날 수 있는 것은 대부분 수산 어종에 한정되지만, 그 제한적인 어종들도 각 지방에 따른 바다 환경의 특성을 잘 보여준다. 무엇보다 한류와 난류가 함께 있고, 삼면의 바다 환경이

강원도 묵호 어시장에서는 기름가자미, 도룩묵 등
동해 깊은 바다의 어종들을 흔히 볼 수 있다.

새벽의 부산 공동어시장에서는 다양한 어종을 만날 수 있다.

각각 다른 우리나라에서 어시장을 방문하는 것은 늘 새롭고 가슴 뛰는 볼거리와 공부 거리를 제공해 주었다.

그동안 방문했던 어시장의 인상 깊었던 어종의 기억을 더듬어 본다. 동해 북쪽의 속초 동명항 활어시장에서는 근처 연안에서 잡히는 대구횟대, 빨강횟대, 용가자미, 세줄볼락(황우럭) 등 남해안에서는 볼 수 없는 한대성 어종을 만날 수 있었다. 그보다 남쪽의 대포항에서는 양식 어종이 주를 이루고 있어서 흥미롭지 못했던 곳으로 기억된다. 주문진 새벽시장의 청어, 도루묵, 대구, 미거지, 동해와 묵호 어시장의 줄가자미, 경북 강구 어시장의 대형 녹새치, 포항 죽도시장의 개복치, 상어, 벌레문치, 기름가자미, 돔발상어류도 있었고, 동해안에서는 북쪽과 남쪽 어시장에서 조금씩 다른 어종을 만날 수 있었다.

남해안으로 내려오면 부산 자갈치시장의 다양한 돔류, 참다랑어, 통영 서호시장과 중앙시장의 볼락, 참돔 외에 겨울철 대구, 꼼치(물메기) 등이 있다. 통영시의 어시장은 지금까지 35년간 통영 바다목장 외에 여러 주제의 연구를 수행하면서 출장을 가면 거의 하루도 빠짐없이 들르는 곳이다. 새벽에는 서호시장, 저녁 시간에는 중앙시장을 찾아보는 게 일상이었다. 삼천포 어시장의 잡어로 불리던 그물베도라치, 전남 녹동어시장의 붉바리, 대형 농어, 민어와 전남 목포어시장의 강달이 젓갈이 떠오른다.

제주도는 거의 매년 열대성 어류 잠수 조사차 방문했고 제주시 동문시장, 한림, 모슬포, 서귀포 어시장은 지금까지도 방문을 계속해 오고 있다. 동문시장의 옥돔, 개볼락, 갈치, 우럭(쏨뱅이와 개볼락), 서귀포 어시장의 갈치, 아홉동가리, 보구치, 벵에돔, 벤자

전북 부안 어시장에서는 홍어, 병어, 조피볼락 등 서해산 어종들을 흔히 만난다.

통영 서호시장에서는 참돔을 비롯한 남해안 어종들을 만난다.

제주시 동문시장에서는 따뜻한 남해바다의 어종들을 만날 수 있다.

리, 부시리, 모슬포 어시장의 자바리, 한림 어시장의 자리돔과 섞여 한 종으로 취급되는 연무자리돔이 인상적이었다. 전북 부안 어시장에서는 병어 횟감이 인상적이었는데 늘 한 접시씩 맛 보곤 했었다. 충남 무창포 어시장의 자연산 조피볼락과 경기도 안산 어시장의 참홍어, 경기도 인천 소래포구의 참조기와 황석어(강달이) 젓갈, 서울 노량진과 가락동 시장의 바닷물고기로 둔갑한 틸라피아와 다양한 수입 물고기들도 기억에 남아 있다.

그동안 어시장에서 만난 어종 가운데, 자료로 필요한 것은 늘 사진을 찍어 두었다. 도감 사진과 함께 각 종마다 주둥이, 눈, 머리의 돌기, 지느러미의 형태와 색, 몸통의 무늬, 꼬리지느러미의 형태와 색 등 다양한 부위를 카메라에 담다 보니 모양과 기능에 대한 학술적인 자료 축적은 물론, 내가 수중과 육상에서 만난 '물고기들의 관상학'까지 논할 수 있게 되었다. 사람에게만 관상이 있는 것이 아니고 물고기들도 그 생김새를 보고, 그 성격과 생활사를 추정하는 것이다.

지난 30여 년간 제주도를 방문하면서 한라산 백록담이나 유명한 관광지를 한 번도 가지 않고 어시장만 돌아다녔다고 하면 나를 물고기에 미쳤다고 생각할지도 모른다. 물론, 바닷가에 가서 투명한 맑은 바닷물을 들여다보거나 직접 물속에 들어가 그 속의 헤엄치는 일곱동갈망둑이나 바위를 타고 노는 앞동갈베도라치를 본다면 더없이 좋겠지만, 보통은 바다에서 건져 올려진 물고기들을 어시장에서 만나는 것만으로도 행복하다.

세계의 어시장

세계의 바다에서 생산되는 어종들은 각 나라 연안의 수산시장에서 만날 수 있다. 나는 지난 수십 년간 국내외의 다양한 바다에서 관련 연구를 수행하면서 해당 지역의 어시장을 방문할 기회가 있었다.

어린 시절 동네 재래시장의 생선가게 앞에서 엄마 손을 당겨서 발걸음을 멈추곤 했던 습관이 붙어서인지, 국내 출장은 물론, 해외 출장에서도 예외 없이 어시장을 방문하곤 했다. 기억에 남는 어시장은 우선 가장 출장 횟수가 잦았던 일본 도쿄, 오사카, 후쿠오카, 가고시마, 니가타, 오키나와 수산시장과 생선가게 들이다. 일본 오키나와 어시장의 화려한 바리류와 가시복, 오사카 구로몬시장의 양식산(지중해산) 대형 참다랑어나 니가타 어시장의 칠성장어와 도루묵 등도 종종 만났던 수산어종이다.

그 외 에콰도르 연안 어시장의 청새치, 갈라파고스 산타크로스섬 활어 좌판의 다랑어, 새치류, 바리류, 인도네시아 비통 시장의

일본 가고시마 어시장(참돔, 방어, 심해어종들까지 잘 정리해 둔 지방산 생선들)

다양한 생선들을 잘 정리해 두고 손님을 기다리는 네덜란드 암스테르담 어시장

푸른점을 가진 대형바리, 홍바리, 독가시치류, 중국 칭다오시장의 대형 농어, 말린 해마, 실고기, 말레이시아 코타키나발루 연안 포구의 돛새치, 페낭의 대왕바리와 나폴레옹피시, 대만 타이베이시 어시장의 부세와 잿방어, 필리핀 일로일로 건너편에 위치한 기마라스의 새벽 시장에서 만난 전갱이류, 갯농어, 배불뚝지, 방글라데시 콕스바자르의 가다랑어와 갈치 등 염장품도 기억이 새롭다.

약 6~7년간 남태평양 기지에서 생물자원 연구를 할 때 방문했던 미크로네시아 축주 어시장의 다양한 바리류와 쥐돔류, 팔라우의 파랑비늘돔류, 괌에 있는 생선 가게의 바라쿠다 등 열대 어종들의 화려한 체색들도 오래 기억에 남는다. 90년대 중반 박사 후 과정으로 일 년간 머물렀던 노르웨이 트롬소시 연안 포구에서는 주말이면 연어 훈제품과 함께 다양한 현지 수산어종들을 만날 수 있었다. 대서양대구, 붉감펭류, 대서양 점가자미, 울프피시 등 북극지방 대서양 연안의 수산생물자원들은 내게는 낯설지만 강렬한 인상과 추억을 남겼다.

미국 로스앤젤레스 어시장의 갈돔과 캘리포니아흑돔, 남미 페루 어시장의 치타돔류와 민어류, 아프리카 탄자니아 펨바의 독가시치와 눈구자쌀롬의 샛줄멸류 등등 우리나라와 비슷한 종이나 전혀 다른 종이나 나에게는 잠수하는 동안 만나기기 쉽지 않은 대형종, 희귀종이거나 어구로 채집해야 하는 수산어종이 많아서 모두 가슴과 사진기에 담아두어야 했다.

해외 출장의 주된 목적이 무엇이건 간에 어시장을 방문할 기회가 있으면 어종을 둘러보고 사진을 찍었다. 그곳에서 찍은 사진을 정리하는 것은 물고기에 관한 공부를 위해서이기도 했지만, 오랫동안 습관처럼 어시장을 찾아다니다 보니 물고기를 만나러 여러 나라의 어시장으로 가는 것 자체가 취미 생활이 되어 버렸다.

갈라파고스 산타크로스섬의 부두 어판장.
생선을 다듬는 사람 곁에서 바다사자와 펠리칸이 기다리고 있다.

해양수산 연구의 역사 속에서 : 지우지 말아야 하는 역사들

우리나라는 바다에 대한 자료가 그리 많지 않았다. 최근 들어서 다양한 내용의 도감과 논문, 교과서 들이 나오기는 하지만, 다른 해양 국가들의 해양생물 관련 도서에 비하면 아직도 많은 자료 축적이 필요한 실정이다.

1984년 6월부터 한국과학기술원(KAIST) 부설 해양연구소(KORDI)에서 직장생활을 시작하였다. 첫해 겨울 삼천포 화력발전소 배수구 옆에 간이 막사를 짓고 '방어, 진주조개 월동실험'을 하였고 그 후 약 10여 년에 걸친 해면양식 연구 과정에서 민간 양식장 셋방살이(?)의 어려움을 겪기도 했다.

강원도 옥계항, 통영시 산양면 연안의 자체 제작 가두리 어장에서는 다양한 사고도 있었다. 80년대 중반, 해면양식 산업이 활성화되기 시작했던 초창기의 연구에는 직접 연구를 수행한 연구진들 외에 주위의 민간인, 기업들이 적극적인 동기부여를 해 주고, 참여와 후원을 했던 기억이 있다. 미국과 노르웨이에서 수입한 연어알

(발안란)을 민물 송어양식장과 바다 가두리에서 양식하는 연구는 십여 년간 이어졌는데 여기에는 민간기업(K그룹, 장 회장)의 적극적이고 열정적인 후원과 참여가 있었다.

그 외 민어, 대구 양식, 바다목장화 사업 등 크고 작은 해양수산 관련 연구에는 정부의 지원과 많은 연구자들의 노력 외에 음으로 양으로 도움이 되었던 민간 수산인들이 있었다.

은연어, 무지개송어를 비롯한 냉수성어종 양식 실험과 사업화 연구는 1985년부터 약 10년간 추진하였다. 장 회장의 알선으로 미국 오레곤주 와이어하우저사(Weyerhaeuser company) 연구소 소장 오희곤 박사(우리나라 연어방류사업에도 도움을 주었던 한인 과학자)로부터

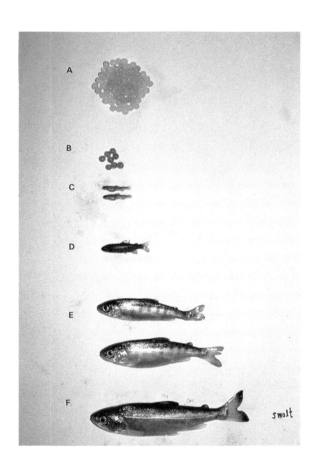

은연어의 초기발생

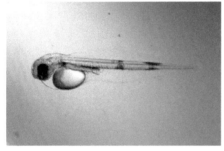 

경남도 관계자들과 함께한 대구 방류 장면(거제도 외포항, 2003년)
대구 부화자어(1일 후)와 부화 80일 후 방류한 대구 새끼(전장 6cm)

인공생산된
참조기 치어
(2002년)

은연어 알(발안란)을 기증받고 수입한 것을 강원도 평창(미탄)에 있는 원복수산에서 부화시키면서 그 연구는 시작되었다. 그 후 기업화 연구도 진행되어 원주의 치악수산에서 부화 생산한 치어를 통영 바다 가두리에 옮겨서 성장시켰다. 9년간 연구와 사업화 과정을 거치면서 만든 은연어 훈제 상품은 서울의 모 백화점에서 판매되었다.

1990년대 초, 국내에서 처음이었던 열목어 종묘 생산(경북 봉화 은어양식장 홍 사장과 태백 소재 불교사찰(H사)의 법사인 정오 스님이 함께 했다.)은 태백의 사찰 내 연못에서 약 만 마리의 새끼를 생산하여 강원도 진동계곡에 방류하였다.

참조기 종묘생산은 1986년 K그룹의 용역 과제이며 서해안에서 안강망 배를 타고 참조기 조사한 것을 계기로, 국가 연구개발 사업으로 추진하였다. 참조기 종묘생산 연구는 3년 만에 성공하여 채란, 발생, 초기 생활사는 1989년 싱가포르에서 열린 아시아수산학회 포럼에서 발표되고, 1992년 동 학회지에 게재되었다.

민어 종묘생산은 여수 돌산도에서 어류종묘 배양장을 운영하던 안 사장의 개인적인 노력의 결과로 결실을 맺었으나 사업의 경제성 문제로 우리 연구원과 경남수산자원연구소에서 이어받아 지금에 이르렀다.

대구 종묘생산은 내가 노르웨이에서 귀국(1996년 8월)한 후, 경상남도 수산과에 대구 수정난 방류사업의 문제점과 개선 방향을 개인적으로 제안하면서 시작되었는데, 약 1년 반 만에 새로운 수정난 방류기술을 개발하여 종묘생산을 할 수 있었다. 경상남도 수산자원연구소, 통영시의 'ㅅ'수산과 협동 연구로 병행 추진하여 국내에선 처음으로 약 1만 마리의 대구 치어(8~10cm)를 거제도 외포 항에 방류하였다.

노르웨이의 트롬소대학 수산연구소에서 1년간 지내다 귀국한 1996년 8월 이후부터는 바다목장 연구 사업, 남서태평양 생태·생물자원 관련 연구, 독도 생태연구 등에 참여하면서 과학 잠수를 통한 어류생태 연구 활동을 이어가게 되었다.

1990년대 중반부터 시작된 바다목장화 사업은 3년간의 기반연구를 거치면서 우리나라 바다의 특성을 감안한 한국형 바다목장 모델로 개발되었다. 나는 우리 바다를 동해, 서해, 남해와 제주도 해역의 4개 권역으로 나누고 각 해역의 환경, 자원 특성에 맞는 관광형, 갯벌형, 어업형, 체험형의 4개 모델을 제안하였다. 1998년부터는 해수부 용역사업으로 바다목장 연구가 시작되어 2013년까지 추진되었다. 최초 준공된 통영바다목장은 2007년 준공 후 지금까지 지자체와 어민이 사후관리를 하고 있으며, 나는 과학적인 분야를 맡아서 잠수조사를 해 오고 있다.

각 해역별 모델 개발과 20여 년간의 긴 연구 역사를 가진 '한국형 해양목장 사업의 기술과 역사'에 대하여 중국 지자체와 중국 수산학회로부터 초청을 받아 2019년에는 4회에 걸쳐 중국(웨이하이, 난닝, 항저우, 다롄 등)에서 연구자, 학생 들을 상대로 특강을 하면서 개인적으로 보람도 느꼈다. 그 외 남서태평양 해양자원 개발연구는 미크로네시아 축(Chuuk)주에 거주하던 한인(김 사장)의 초청으로 우리 원의 박사님과 함께 다녀오면서 처음 인연을 맺었고, 독도 연구는 1997년부터 시작해서 지금은 해수부 용역사업으로 독도 수중생태지도 작성을 하고 있지만 나는 '민족 과제'로 생각하고 계속해 왔다.

　지난 시간들을 돌이켜 보니 바다에서의 연구 자체가 결코 쉽지 않다는 것을 새삼 느낀다. 여러 가지 제약조건이 많아서 실패율도 높은 것이 사실이다. 성과를 낸 1차 산업(수산업)과 관련된 기술들은 개발 필요성, 배경, 기술개발 과정과 참여 연구자들 정보가 정부 보고서에 남겨져 있지만, 기술이 일반화된 후에는 핵심이 되는 기술이나 모델을 개발한 연구자, 연구팀, 연구개발 과정에서 많은 도움을 주었던 민간인들은 쉽게 잊히기도 하였다. 과학적인 연구도 한 나라의 역사처럼 정확히 기록되고 보관되어야 후속 연구에서 시행착오를 줄이고 좋은 결과를 기대할 수 있다. 오래전 연어, 참조기 연구에 지원, 참여하면서 KIOST 연구팀과 인연을 맺어왔던 K그룹 장 회장님의 '역사를 잊거나 바꾸는 나라는 앞으로 나아가지 못하고 제자리걸음만 할 것이다'는 말을 다시 전하며, 바다에 어렵게 뿌린 씨앗들이 부디 뿌리를 잘 내려서 후배, 후손들이 해양 강국 한국을 자랑스럽게 생각하는 날이 오기를 기대해 본다.

어릴 때부터 자연과 함께하는
생활의 필요성

　'물가에 가지 마라.' 물을 무섭게 생각했던 옛 어른들로부터 한 번쯤 들어봤을 얘기이다. 아마 물에서 수영 미숙으로 인한 사고나 휴가철의 심장마비 등 사고를 겪었던 어른들이 어린이들의 안전을 위해서 한 얘기였을 것이다. 물가에 가지 않으면 물에서 일어나는 사고의 확률은 낮아질 것이다. 그러나 우리나라는 매년 장마와 태풍이 있어서 물가에 가지 않아도 늘 물과 가까워지는 시기가 반복될 수밖에 없다. 특히, 보름 정도의 짧은 여름휴가라 하지만 휴가 기간 동안 가장 많이 찾아가는 곳이 산, 계곡이고 바닷가이다. 어떻게 물가에 가지 않고 평생을 살아갈 수 있을까? 아마 우리 국민들에게는 애초부터 불가능한 얘기일지도 모른다.

　그래서 물에 대한 기본적인 지식과 함께 어릴 적부터 수영을 익히면 강가나 바닷가에서 활동 시 개개인의 기본적인 안전은 어느 정도 약속해 줄 수 있다. 물론 수영을 한다고 해도 대형 홍수나 태풍처럼 갑자기 닥치는 환경 변화 속에서는 100% 안전을 보장할 수 없을 것이며 또, 휴가철 물가에서 실수로 인한 인명사고로 이어질 가능성도 배제할 수 없기 때문에 항상 주의가 필요하다.

나는 '어릴 때부터 물과 친숙하라!' '어릴 때부터 수영을 가르쳐라!'라고 권하고 싶다. 필자는 수영 미숙으로 중학교 2학년 때 부산 영도 연안에서 파도에 휩쓸려서 사고를 당할 위험에 처한 적이 있다. 주위에 수영을 잘하는 사람들이 있어서 구조는 되었지만, 수영을 완전히 익히기 전이라 파도의 위력(?)을 몸소 실감한 아찔한 순간이었다. 파도와 조류에 밀리면서 구조될 때까지의 짧고 긴 순간은 아직도 생생하게 생각난다. 바닷속을 들여다보는 것을 너무 좋아했던 나는 그 사고가 있은 후 이듬해 부산시 외곽의 하천 보에 가서 보를 따라 가면서 수영(평형)을 익혔다. 대학 1학년 때는 해양 훈련에서 2시간 수영 기록을 세웠다.

90년대 중반, 1년간 노르웨이 북쪽 도시, 위도상으로는 북극에 속하는 북위 70도의 트롬소라는 곳에서 산 적이 있다. 겨울의 2개월간은 태양이 뜨지 않고 6개월간 눈이 쌓여 있는 곳이라, 여름이라 하여도 바다에 들어가기에는 추운 곳이었다. 하지만 그곳 초등학교는 풀장에서 수영을 가르치고 있었다. 북극의 차가운 바다에 들어가서 놀 기회는 적지만 선조 때부터 바다와 싸우면서 수산업을 중심으로 발달해 온 까닭에 그들은 늘 바다를 접해야 했을 것이다. 일 년에 한 번 정도 지중해, 하와이, 동남아의 따뜻한 바다로 휴가를 가는 그들의 생활 패턴을 보면 어린 시절부터 수영은 필수일 수밖에 없을 것이다. 우리나라도 어린이들에게 우선적으로 수영을 익히도록 해야 할 것이다.

성장하고 나면 수영도 배우기가 쉽지 않은 스포츠에 속한다. 어릴 적에는 쉽게 배우기 때문에 우리나라 어린이들도 어릴 때 수영하는 능력을 몸에 익혀두면 여름철에 물가에서 안전하게 놀 수 있다. 또, 외국 바닷가로 휴가를 떠날 때에도 안심할 수 있게 된다. 자신뿐만 아니라 가족들도 안심하게 된다.

하지만 수영을 익혀도 사고의 위험은 있다. 따라서 물에 관한 지식도 자연스럽게 익혀두어야 하겠다. 수온과 체온의 관계, 수심과 수압의 관계, 수면 아래에서 일어나는 태양빛의 흡수에 따른 색의 변화 등 육상과는 다른 수계의 환경 특성을 익혀두면 물에서 일어날 수 있는 안전사고를 사전에 예방하는 데 매우 유리할 것이다.

내 경험으로는 물에서 놀 수 있는 자신감과 물에 대한 지식의 습득은 필수이다. 지난 수십 년간 우리 주위의 강과 바다에서 일어난 안타까운 사고들을 돌이켜보면 이런 주장은 분명 설득력을 얻을 것이다. 특히 우리나라 어린이들이 방과 후에도 자기도 잘 모르는 학원 가방을 들고 여기저기 가고 있는 현실을 보노라면 안타까운 마음과 함께 작은 노력이라도 기울여서 수영을 먼저 배우게 하고 싶다는 생각이 든다.

나만 안타깝게 느끼는 것일까? 어린 시절에는 물가에 가는 게 두렵기도 한 반면, 호기심으로 즐겁기도 하다. 사람은 태어나면서부터 물과 친숙하다. 엄마 배 속에서부터 양수에 싸여 자라고, 태어나서는 목욕하기를 좋아한다. 자연을 배우려고 한다면 어릴 적부터 자연과 친숙해지는 방법이 가장 좋다. 어릴 때 한 자연공부는 평생 자연스럽게 자연보호를 실천하면서 살도록 해 줄 것으로 믿는다. 성인이 된 후에는 자연보다 인간사회 생활이 늘 우선이기 때문에 자연 그 자체를 별도로 배우고 익힐 기회가 그리 많지 않다. 그래서 어릴 적

괌 투몬비치
연중 많은 관광객이 찾는 하와이 하나우마 비치

에 산에서 뛰어놀고 바다에 뛰어들어 자연을 배우는 것이 가장 바람직한 '자연인' 교육 방법이라고 생각한다. 어릴 때의 자연공부는 배우는 것이 아니라 느끼는 것이다.

그런 필요성을 느낀 나는 가족들에게 수영을 배우도록 했고 약 2km 정도 홀로 수영이 가능한 시점에 스쿠버다이빙을 배울 기회를 주었다. 그래서 오래전부터 우리 가족은 모두 잠수가 가능했고, 제주도 서귀포 문섬의 수심 15m 전후에서 가족사진도 찍을 수 있었다. 막내가 고등학교를 들어갔을 때였다. 그 후로도 가족끼리 국내외 이곳저곳을 여행하면서 기회가 되면 가족과 함께 수중세계를 들여다보는 재미를 느꼈다.

2001년 제주 문섬에서 스쿠버다이빙을 함께한 가족 기념사진 ©김병일

다시 어릴 적 추억 속으로

내가 일하는 한국해양과학기술원은 공공기관 지방이전 계획에 따라 2017년 12월에 부산시 해양관련 기관들이 모여 있는 영도 동삼동에 자리를 잡았다. 서울, 경기도에서 근무했던 많은 직원들은 부산을 바람 많은 남쪽 도시로 낯설게 생각할 것이다. 그러나 나는 다르다. 부산이 고향이고 지금의 동삼동 연안이 매립되기 전, 60~70년대에 자갈 해변과 청학동 쪽 갯바위에서 수영과 낚시를 하면서 자랐다. 매년 여름방학이면 열흘 이상을 당시 동삼동에 사시던 고모댁에 와 지내면서, 동삼동 연안과 지금은 해양대학교가 들어선 조도(아치섬) 동편 자갈밭 연안에서 놀았다.

지금은 매립지로 변한 영도 동삼동 연안의 암반연안에서 헤엄치면서 수영을 하며 다양한 해양생물을 보았던 기억이 아직도 생생하다. 중학생 시절, 수영이 서툴러서 깊은 곳에 들어가지는 못하고 수면 위로 드러난 이 바위 저 바위를 건너다니면서 물속을 들여다보았었다. 연안에서 떠다니는 초록빛 구멍갈파래와 그 위를

부산으로 이전한 한국해양과학기술원

무리 지어 헤엄치는 2~3cm 물고기(별망둑, 점망둑) 새끼들을 보는 것이 내게는 최고의 즐거움이었다. 어미 망둥어는 부레가 퇴화해서 없지만, 망둥어 새끼들은 부레를 갖고 있어 중층에 떼 지어 떠서 헤엄친다는 것을 그때는 몰랐다. 대학에서 어류학 공부를 하고 나서야 당시 동삼동 연안에서 보았던 어린 새끼들이 부레를 가지고 중층에 떠서 무리 지어 다니던 별망둑, 점망둑 새끼들이란 것을 알게 되었다.

어릴 때 수경을 쓰고 들여다본 바닷속은 신기하면서 겁이 나기도 한 세상이었다. 실제로 바닷가에서 수영 미숙으로 파도에 떠내려가다가 사촌형들이 구해준 적도 있었다. 끔찍한 순간이었지만, 미숙한 수영 실력으로는 즐거운 바닷가 생활을 할 수 없음을 깨닫는 계기가 되었다.

한번은 다대포 해수욕장에 해수욕객들을 쏘면서 괴롭히던 해파리가 나타난 적이 있다. 바닥의 모래가 뒤집어져서 투명한 해파리

연구원의 동편에서 바라본 해양대학교, 북항과 오륙도

를 직접 보기는 어려웠지만. 나는 여러 번의 시도 끝에 해파리에게 쏘이면서도 5~6cm 크기의 해파리를 물 밖으로 들고 나와 가족들에게 보여주었다.

그런 시절을 지낸 지 50여 년이 지난 지금 나는 다시 동삼동에 있다. 연구실을 나서면 복도 끝에 오륙도가 보인다. 늘 꿈꾸던 바닷가 연구소로 출퇴근하며 정년을 준비하고 있다. 지나간 35년 동안의 연구원 생활 중에서 가장 행복한 나날이다. 까까머리 중학생이 놀던 바닷가에 새로 지어진 연구실에 앉아서 물고기 도감을 넘기고 있으면, 마치 중학생 시절로 돌아간 것 같은 착각도 들었다. 나이가 든 내 모습은 잊어버렸다. 부산항을 드나드는 커다란 선박의 굵직하고 낮은 뱃고동 소리와 함께 밀려오는 바닷바람의 짠 내음이 나를 60년대로 데려갔다가 현재로 돌려 놓곤 하였다.

조도 연안에서 그물베도라치와 쥐치를 잡고 놀던 중학생은 이제 그 이야기를 후학들이나 어린 학생들에게 들려주기 위해 물고기도감을 준비하고 책으로 묶고 있다. 늘 바다에서 일을 하면서도 바다가 그리웠던 나의 이야기를 조금씩 풀어서 기록해 두고 싶다.

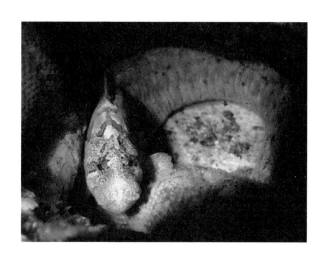

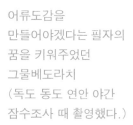
어류도감을
만들어야겠다는 필자의
꿈을 키워주었던
그물베도라치
(독도 동도 연안 야간
잠수조사 때 촬영했다.)

　대학원을 들어간 1981년 이후 나의 생활의 절반은 바닷속에서 있었던 것 같다. 여러 연구 과제의 성격에 따라 활동이 달라지기는 했다. 40대부터 본격적으로 시작된 독도 연안 생태조사, 바다목장화 사업, 미크로네시아 기지 연안 생태·자원조사 연구, 해양보호구역 생태조사 등의 사업에 참여하면서는 어린 시절 꿈꾸었던 바닷속에서의 연구를 하게 되었다.

　잠수하는 어류학자로서의 생활은 내게 축복이었다. 여러 나라를 방문하면서 다이빙을 하고 그 나라의 수중세계를 하나씩 알아가는 재미와 지금은 내 후배 해양생물학자가 된 아들까지도. 아들과 함께 갈라파고스섬을 방문하고, 에콰도르 해양연구소 연구원들과 잠수하면서 생태지도에 의한 해양보호구역 관리 방법을 알려 주었던 보람 있는 시간들이 기억에 오래 남아 있다.

　때로는 물이 차갑고 어두우면서도 물 흐름이 강했던 우리 바다

독도 동도해녀바위 앞 수중에서 생태조사 중인 필자
©김지현

여러 해역에서 잠수 조사를 하는 것이 힘들 때도 있었지만, 수중 세계에 대한 나의 호기심을 꺾지는 못했다. 어릴 적 꿈이 있었기에 때로는 힘들어도 즐거워하며 지금까지 이 일을 계속할 수 있었다. 오늘도 연구실의 한쪽을 차지하고 있는 낡은 잠수장비를 보노라면 물가가 그리워진다. 정년을 한 지금도 어쩔 수 없는 이 바다에 대한 그리움은 나이를 잊게 하고, 순간 나를 어린 시절로 돌려보낸다.

목만 내밀면 바다가 보이는 연구실에서 일하는 나는 바다를 가까이 두고도 바다가 그리운 연구자이다. 낚시 스승이었던 막내 삼촌을 따라 김해수로, 태종대, 다대포를 다니고, 여름이면 영도 동삼동 바닷가에서 물속을 들여다보던 어린 시절의 꿈이 고스란히 지금껏 변하지 않고 마음속에 머물고 있기 때문이리라.

참고문헌

국토지리정보원,『독도지리지』, 국토해양부 국토지리정보원, 서울, 2012.

국토해양부,「독도의 지속가능한 이용연구」, BSPM53901-2071-5,
국토해양부, 2009.

국토해양부,「남태평양 해양생물자원 개발 연구」, BSPM50400-2025-3,
한국해양연구원, 2008.

국토해양부,「해중경관모니터링」, BSPG7420-2212-3,
한국해양과학기술원, 안산, 2009.

국토해양부 해양환경관리공단,『2011년 해양보호구역 조사관찰』,
해양환경관리공단, 서울, 2012.

김용억,『어류학 총론』, 태화출판사, 부산, 1978.

김용억 · 김용문 · 김영섭,『한국연근해 유용어류도감』,
국립수산진흥원(예문사), 부산, 1994.

농림수산식품부 국립수산진흥원,『연근해 주요 어업자원의 생태와 어장』,
예문사, 부산, 2010.

명정구,「제주도 문섬 주변의 어류상」,『한어지』9(1): 5-14, 1997.

명정구,「독도 주변의 어류상」, Ocean and Polar Research, 24(4): 49-455,
2002.

명정구,「다이빙조사에 의한 가을철 가거도 연안의 어류상」,『한어지』
15(3): 207-211, 2003.

명정구,『연어』, 웅진닷컴, 2003.

명정구,「다이빙 조사에 의한 여름철 울릉도 연안의 어류상」,『한어지』
17(1): 84-87, 2005.

명정구,『바다목장 이야기』, 지성사, 서울, 2006.

명정구,『바다의 터줏대감, 물고기』, 지성사, 서울, 2013.

명정구 · 노현수,『울릉도, 독도에서 만난 우리바다 생물』, 지성사, 서울, 2013.

명정구 · 고동범 · 김진수,『제주 물고기 도감』, 지성사, 서울, 2015.

명정구 · 김병일 · 이선명 · 전길봉,『우리바다 어류도감』, 다락원, 서울, 2002.

명정구 · 김종만,『꿈의 바다목장』, 지성사, 서울, 2010.

여수세계박람회재단법인,「필리핀 연안지역 재해예방 및 위험관리 역량강화(Ⅲ)」, PG48800, 한국해양과학기술원, 2017,

이순길 · 김용억 · 명정구 · 김종만,『한국산어명집』, 정인사, 서울, 2000.

정문기,『한국어도보』, 일지사, 서울, 1977.

한국국제협력단,「필리핀 연안지역 재해예방 및 위험관리 역량강화사업(Ⅱ) (부제: 필리핀 취약한 연안 서식지 보호를 통한 재해예방강화)」, PG47990, 한국해양과학기술원, 2013.

한국해양과학기술원,「스킨/스쿠버 다이빙세계」,『해양과 인간』, 한국해양과학기술원. p.178-195, 2013.

한국해양과학기술원,『통영바다목장 사후관리』, 통영, 2014.

한국해양과학기술원,『코스레(미크로네시아)의 해양생물자원』, 한국해양과학기술원, 2015.

한국해양연구소,『해양생물의 세계』, 해양과학총서4, 삼신인쇄, 안산, 1998.

해양수산과학기술진흥원,「한 · 중남미 해양과학기술 협력사업」, PM61420, 한국해양과학기술원. 2019.

해양수산부,「'99 통영해역의 바다목장 연구개발 용역사업 보고서」, 서울, 1999.

해양수산부,「인공어초사업의 종합평가 및 향후 정책방향 설정에 관한 연구」, 한국해양연구소, 2000.

해양수산부,『2014년 해양보호구역 조사 · 관찰』, 해양수산부, 해양환경관리공단, 2014.

Costello MJ, Coll M, Danovaro R, Halpin P, Ojaveer H, Miloslavich P, 2010, "A Census of Marine Biodiversity Knowledge, Resources, and Future Challenges", *PLoS ONE* 5(8): 1-15.

Nakabo, T. 2002, *Fishes of Japan with Pictorial keys to the Species*, English edition. Tokai Univ. Press, Tokyo, 1749pp.(in Japanese)

www.adb.org/multimedia/coral-triangle

www.chowari.jp

www.fish.darakwon.co.kr(조어박물지)

www.fishbase.org

www.nifs.go.kr(수산생명자원정보센터)

www.onlinelibrary.wiley.com

www.sciencedaily.com

www.yokohama-maruuo.co.jp

명정구

1955년 부산에서 태어나 학창시절에는 부산 영도 동삼동, 조도의 자갈밭과 바위
연안에서 바닷속을 들여다보거나 낚시를 즐겨 했고, 봄이면 구포다리 밑 웅덩이,
김해 명지, 맥도, 조만포 수로 등지에서 붕어 낚시를 즐겼다. 1960~70년대
극장에서 개봉된 해양 다큐멘터리 영화를 보고 잠수하는 해양생물학자를
꿈꾸며 국립 부산수산대학교에 진학했다. 1977년 대학교 3학년 때 잠수 교육을
받았고, 1980년대에 동 대학에서 석사, 박사 과정을 거치면서 물고기 형태,
생태 공부로 1992년 이학박사 학위를 받았다. 1984년부터 한국과학기술원 부설
해양연구소(현 한국해양과학기술원)에서 근무하기 시작하여 2020년 12월까지
우리나라 바다목장 연구, 독도 수중생태 연구 등 과학 잠수를 통한 연구원
생활을 했다. 바다는 외우는 대상이 아니고 이해해야 하는 것이라 믿으면서
36년간의 연구원과 겸직 교수직을 마쳤다. 1990년대부터 잠수 전문가들이
모인 한국수중과학회에서 활동하면서 2020년까지 10여 년간 회장직을 맡아
우리나라 수중 잠수연구에 기여했다. 『우리바다 어류도감』, 『제주 물고기 도감』,
『한국산어명집』, 『바다의 터줏대감, 물고기』, 『울릉도, 독도에서 만난 우리
바다생물』, 『독도 바닷속 생태지도』, 『꿈의 바다목장』 등의 저서 40여 편과 논문
100여 편이 있다.